"科学队长"少儿科普丛书

智趣分子（北京）教育科技有限公司策划

还原恐龙世界

主　编◎科学队长

口　述◎徐　星

扫一扫
听科学家讲科学

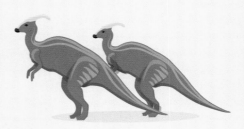

上海交通大学出版社
SHANGHAI JIAO TONG UNIVERSITY PRESS

内容提要

　　本书为"科学队长"少儿科普丛书之一，对应于"科学队长"音频节目《给孩子的恐龙世界》，主讲人是世界上命名恐龙最多的人、中国科学院的研究员徐星老师。在 52 期的节目中，主讲人生动地还原了 52 种恐龙的生活世界，包括爱炫耀的尾羽龙、快刀手异特龙、头上有角的食肉牛龙、世界上脖子最长的马门溪龙、黑白相间的森林舞者近鸟龙等。本书融图、文、声于一体，重视孩子科学思维的培养，语言亲切通俗，内容生动有趣，适合中小学生阅读。

图书在版编目 (CIP) 数据

　　还原恐龙世界 / 科学队长主编 . — 上海：上海
交通大学出版社，2022.1
　　（科学队长）
　　ISBN 978-7-313-24100-9
　　Ⅰ . ①还 … Ⅱ . ①科 … Ⅲ . ①恐龙 – 少儿读物 Ⅳ .
① Q915.864–49
中国版本图书馆 CIP 数据核字（2020）第 222274 号

还原恐龙世界
HUANYUAN KONGLONG SHIJIE

主　　编：科学队长
出版发行：上海交通大学出版社　　　　　　　　地　　址：上海市番禺路 951 号
邮政编码：200030　　　　　　　　　　　　　　电　　话：021-64071208
印　　制：上海盛通时代印刷有限公司　　　　　经　　销：全国新华书店
开　　本：889mm × 1194mm 1/24　　　　　　　印　　张：9.75
字　　数：216 千字　　　　　　　　　　　　　印　　次：2022 年 1 月第 1 次印刷
版　　次：2022 年 1 月第 1 版
书　　号：ISBN 978-7-313-24100-9
定　　价：66.00 元

我们知道，恐龙是一类远古生物，它非常神秘，也非常形象。如果问一个喜欢恐龙的小孩，他可能会说出很多恐龙的名字，也会告诉你这个恐龙是什么样子的。这些就是做科学教育非常重要的意义。

为什么这么说呢？因为面向儿童做科普，最困难的地方在于孩子们的知识体系还没有建立起来，他们对整个世界的认知，还达不到复杂和抽象的高度。要儿童了解比较抽象的内容，是非常困难的。与物理、化学等学科相比，古生物学，尤其恐龙，研究的特点在于形象性。我们可以到博物馆真真切切地看到恐龙骨架，孩子们可以直观地体会到恐龙是一种怎样的动物。

我们熟悉的各种各样的恐龙，在博物馆看到的也好，在电视、电影、出版物中看到的也好，这些恐龙形象确实跟我们熟悉的动物是完全不一样的。比如说，有些恐龙体型巨大，还有些恐龙的体重高达 100 吨，这与我们熟悉的世界差别太大了。这种差别性与神秘性，也是非常好的引导孩子对科学感兴趣、对自然感兴趣的因素。让孩子在科学教育中体会到乐趣，他们可能就会走向科学的道路。即使以后不做科学工作，慢慢培养出的科学思维，也将使他们受益匪浅。

恐龙科普可培养孩子的逻辑思维和推理能力，鼓励发问，保护孩子的好奇心。

在做恐龙科普的过程中，我感觉到，与恐龙有关的这些内容经常触发孩子们提出问题。有时，家长可能觉得这些问题太简单或者没什么意义。但是，我想提醒各位家长，千万不要漠视孩子的这种热情，只要他想问、愿意问，坚持下去对思维锻炼非常好。

孩子的潜力是无穷的，他们的能力可能超出我们的想象。有时候，可能并不需要家长做太多，孩子们就能找到自己喜欢的东西，或者找到解决问题的方法。我们要相信他们，鼓励他们。

作为一名研究恐龙的学者，或者作为一名科学家，我非常希望以后有更多的机会为小朋友们做一些恐龙方面的科普讲座，包括分享发现恐龙的过程，讲述如何寻找大自然中隐藏的奥秘等，与孩子们一起分享这些发现的快乐！

徐　星

目录

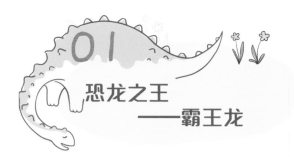

01 恐龙之王
——霸王龙

扫一扫
听科学家讲科学

· 开门见山 ·

霸王龙也叫君主暴龙，是白垩纪末期最凶残的一种恐龙。在一个初夏的午后，一头年轻的霸王龙午睡醒来。微风吹过，四周平静得出奇，然而，一场凶险的危机即将到来。它会遇到什么？它能躲过危机，捍卫自己恐龙之王的荣誉吗？

· 队长开讲 ·

6 600多万年前的一个初夏的午后，在北美西部一片密林的一角，几只奇怪的大鸟尖叫着四散飞开。在那里，一个比大型公共汽车还要长的庞然大物站了起来。这是头刚刚午睡醒来的恐龙之王——雌性霸王龙。

霸王龙也叫君主暴龙，与我们熟悉的老虎、狮子不一样，雌性霸王龙的体型比雄性要更庞大。这头霸王龙18岁了，刚刚成年。然而对它这个体型的陆地动物来说，散热总是个大问题。毕竟，它们没有空调，也没有电风扇，只能选择在每天最热的时间睡个午觉，以躲避开烦人的烈日酷暑。

霸王龙还原图☞

最近几年，这头霸王龙一直在这一带活动。在这里，它褪去了幼年时候的羽毛，一点点成长为一头超过 12 米长的巨型动物。这里原本是另一头雌性霸王龙的地盘。在它统治的时代，这头霸王龙只能游走在几头霸王龙领地的边界偷着捕猎。回想起那时，这头霸王龙依然会觉得不堪回首。那时候，几乎每一顿饭，都吃得惊心动魄。好不容易捕获的猎物，如果被领主闻到气味，领主就会跑来抢走。但在今年春天，18 岁的霸王龙终于长得足够大了，于是它主动出击，咬伤了这里的领主，继承了它的领土。

它站起来，晃动着将近一米半长的巨大头颅，张望了一下。微风迎面吹来，特别舒服。霸王龙有着灵敏的嗅觉，视力也很好。一小群五角龙正沿着山脊向远处奔跑。它们在做什么？跑掉几只猎物没什么关系。它赢得的猎场很大，作为顶级猎手，猎场中每一只稍大的动物都是它的猎物。

它转过头去，想绕到密林后面的小河喝几口水，顺便看看有没有可口的动物能当作晚餐。突然，密林边闪出了一个熟悉的身影。这是之前被赶走的领主！它今年 28 岁，虽然只比年轻的霸王龙大 10 岁，但对它来说已经算老年了。它养好了伤，今天，是来复仇的。

两头霸王龙对着转圈，互相打量着对方的体长。其实它们差不多大，也各有各的优势。年轻的霸王龙精力充沛，而年老的霸王龙战斗经验更丰富。这是场势均力敌的较量。突然，年轻的猎手踩在了一个土坑上，身体稍微一趔趄。老霸王龙可不会放过这么好的机会，当即冲出来向年轻的霸王龙的后背咬去。霸王龙的嘴巴可比你们想象的要大多了，足有一米多长，还可以张大到 60° 以上，里面有大约 60 颗锋利的尖锥状牙齿，最长的算上牙根有近 30 厘米，是老虎牙齿长度的 4 倍呢！其咬力更是达到惊人的 20 多万牛顿，这个力气足够举起好几辆轿车！

年轻的霸王龙连忙躲闪，它的敏捷救了它一命，只被老猎手咬破了一层皮。年轻的霸王龙忍着剧痛发动反击，一下子就把老霸王龙撞歪在一边，它乘胜追击，咬伤了老霸王龙的脖子。老霸王龙这下可算是伤得不轻，但它怎敢懈怠？它忙站稳脚步，张开大口采取防御姿态。这两头近10吨重的巨型动物就这样你来我往大战起来。

这场地动山摇的战斗非常消耗体力。10分钟后，老霸王龙逐渐感到大腿酸软，呼吸沉重，血液像要沸腾般烧得难受。它支撑不住了。但年轻的领主寸步不让，连续猛冲。老霸王龙实在没力气了，一脚踩空，摔倒在地上。它试图爬起来，但胡乱舞动的短小前肢连地面都够不着。年轻的

霸王龙趁机张开血盆大口，狠狠地从它的脖子上咬了下去，保卫住了自己的领土。

而赢的好处还不止如此，年轻的霸王龙好一阵子都不用再狩猎了，这头老霸王龙可以供它吃上很久。可它也明白，这样的战斗绝对不会是最后一次，它要在一轮轮战斗中证明自己是恐龙之王。可它没有想到的是，真正的威胁并非来自其他霸王龙，而是来自地球外部，这一外部威胁将会终结恐龙时代。

· 每 期 一 问 ·

霸王龙为什么被称为"恐龙之王"？

参考答案：因为霸王龙体型庞大，凶猛能战胜其他同类，且攻击性很强。

02 最早发现的恐龙
——禽龙

扫一扫
听科学家讲科学

开门见山

1822 年的一天，清晨的薄雾还没有散去，在马车轮子驶过乡间小道发出的声音中，英格兰萨塞克斯郡的一个小村庄迎来了两个不算陌生的面孔：医生吉迪恩·曼特尔和他的妻子玛丽·安。他们被请来为一户人家的病人治病。在这个时候，谁都没有想到，这对夫妻的一个发现将揭开地球历史上一个无比恢宏壮阔时代的面纱——那个巨龙统治地球的"恐龙时代"。

队长开讲 科学队长 Captain Science

你们知道世界上最早发现的是哪种恐龙的化石吗？它可是个有趣的家伙，在"恐龙"还没有被"发明"出来之前，禽龙的一块牙齿化石就被发现了。这到底是怎么回事呢？让我们一起回到 1822 年的那一天。

清晨的薄雾还没有散去，医生吉迪恩·曼特尔和他的妻子玛丽·安被请来为一户人家的病人治病。实际上，曼特尔夫妇对地质学非常着迷，行医以外的时间，他们几乎都在寻找各种奇怪的矿石和化石。他们甚至将家里的一部分空间变成了博物馆，用来陈列发现的各种标本。这次也不例外，曼特尔和他的妻子在出诊之余，意外地在蒂尔盖特森林的地层中，发现了一些看上去像是大型动物牙齿的化石。

这些"巨大动物的牙齿"随后被曼特尔带到了伦敦皇家学会，寻求当时更加有名望的古生物学家的帮助。在那里，这些化石的出现，引起了著名学者居维叶的注意。居维叶将它们归类为鱼类或者某些哺乳类动物。不过两年后，当第一种被命名的恐龙——巨齿龙的化石被发现和命名之后，学者们重新研究了曼特尔找到的牙齿化石，并且将它归类为某种大型的爬行动物。

1825 年，曼特尔将这种爬行动物命名为"禽龙"，名称的含义是"鬣蜥的牙齿"。

几年以后，曼特尔根据一件在英国肯特郡发现的禽龙化石对这种恐龙进行了复原。不过他犯了一个错误，把本应当安放在拇指上的一个尖爪放在了禽龙的鼻子上面。这个错误直到后来更多、更完好的禽龙化石被开采出来之后才得到纠正，但这个鼻子上长了尖角的禽龙复原却成为恐龙研究史上的一个著名事件。想想看，一个指尖上的尖爪被放在了鼻子上，也是真够滑稽的。

而关于禽龙有趣的故事还多着呢！ 1853 年的新年，雕刻家霍金斯为英国皇家水晶宫公园复原并设计的巨型禽龙雕塑即将完工，为了庆祝，他在其中一头没完成的禽龙雕塑的肚子里面举办了一场 22 人参加的聚会。大家就站在禽龙的肚子里吃吃喝喝，这也是恐龙历史上绝无仅有的事情呢！

未完工的禽龙雕塑里的 22 人聚会

　　而恐龙这种巨大的生物，就是从禽龙和巨齿龙被发现和命名之后才进入人类视线的。尽管我们现在无缘见到活着的禽龙，但通过它们在岩层中留下的种种遗迹，我们仍然可以知道：曾经有一种长着尖尖拇指的巨大爬行动物，漫步在 1.2 亿年前的欧洲海岸边上，寻找着各种可口的食物。

● 每期一问 ●

世界上最早的恐龙化石是被谁发现的？

参考答案：玛丽·曼特尔（曼特尔的妻子）。

03

炫耀的丝带
——耀龙

扫一扫
听科学家讲科学

·开门见山·

你们知道吗？有些恐龙身上长着跟鸟类一样的羽毛，这是因为鸟类就是从恐龙的一支中演化过来的。耀龙的尾巴上长着四根漂亮的羽毛，这四根羽毛是用来干什么的呢？现在就让我们回到 1.6 亿年前，去亲眼看看耀龙生活的世界吧！

四根像丝带一样的美丽羽毛。它，就是我们这一期的主人公——耀龙。

发现于我国内蒙古东部的耀龙还原图

·队长开讲·

科学队长
Captain Science

这里是 1.6 亿年前的内蒙古，在一大片低矮的植物丛中，一颗小脑袋轻轻地探了出来。这个小家伙其貌不扬，像兔子一样，嘴巴前面向外龇着几颗大牙齿，不过，它短短的尾巴上却长着

虽然身为恐龙，但耀龙可只有鸽子那么大哦！当它竖起尾巴，亮出让它十分自豪的漂亮羽毛时，你们可能会联想到孔雀或者其他有着美丽尾羽的鸟类。我们知道，雄性孔雀尾巴上五颜六

色的羽毛是用来吸引雌性的，那么，长着美丽尾羽的耀龙也是雄性耀龙吗？它也是用尾羽吸引雌性的吗？

这头小小的耀龙看了看四周，看起来紧张兮兮的。这也没办法，虽然它是一头恐龙，但却常常成为其他肉食恐龙的盘中餐。在这里，地面上满是可怕的肉食恐龙，耀龙们为了自保，只能在树上生活，活像今天的猴子。它们依靠细长的手指，在树洞中捕捉富含蛋白质的幼虫来充饥。

这头耀龙来到地面的原因很简单——繁殖的季节到来了。距离它栖身的银杏树不远处的另一棵树上，住着一个漂亮的耀龙"姑娘"。体内的激素让这个帅气的耀龙"先生"铤而走险，从树上爬到了地面，满怀希望地想要博得耀龙"姑娘"的欢心。它将尾巴上四根漂亮的羽毛竖起来，一面向心爱的耀龙"姑娘"靠近，一面抖动着羽毛，唱起温柔的"情歌"，并做出各种复杂的动作，以显示自己的真诚和威猛。

耀龙"先生"卖力的演出自然引起了耀龙"姑娘"的注意，不过，也招来了不速之客。就在那棵大树下，另一头更加高大威猛的雄性耀龙已经抢先一步开始了它的表演，耀龙"先生"反而成了优势尽失的后来者。于是，两头被爱情冲昏了头脑的耀龙，就决定用斗舞的方式来赢得漂亮"姑娘"的芳心。

那头高大威猛的雄性耀龙一亮出尾巴，胜利者就已经产生了。它尾巴上漂亮的羽毛要远胜过我们的耀龙"先生"，一番表演下来，耀龙"先生"就已经被赶到了不远处的苏铁丛里。要知道，在耀龙的争斗中，谁的尾羽长得更长、更漂亮，就说明谁更加优秀哦！

但是，"螳螂捕蝉，黄雀在后"，在这个充满着强者的恐龙世界里，越强壮的猎物往往意味着越美味的食物。

耀龙"先生"们激情四溢的表演早就引起了足羽龙的注意，它可是一个会滑翔的猎手。那头高大威猛的耀龙还没来得及享受一下胜利的喜悦，足羽龙就已经俯冲而至，弯钩一样的爪子狠狠地刺进了它的身体。

可能是担心耀龙临死前的叫声会引来其他肉食动物，一击得手的足羽龙带着它的猎物迅速钻进了身后茂密的木贼丛，只留下惊魂未定的耀龙"姑娘"和躲藏在苏铁丛里的耀龙"先生"。当敌人满载而归之后，或许耀龙"先生"还能够重新靠表演来获得耀龙"姑娘"的芳心，不过对于现在的它来说，可能再也不想离开它的那棵银杏树了。

在我们所熟知的恐龙世界中，很少有恐龙是生活在树上的。不过，耀龙化石的发现让我们意识到，在 1.6 亿年前的丛林中，还曾经有过一些喜欢在枝头爬来爬去、炫耀着自己那漂亮羽毛的耀龙！

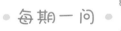

• 每期一问 •

耀龙尾巴上的四根漂亮羽毛是用来干什么的？

04 泥潭龙名字背后的故事

开门见山

中加马门溪龙在沼泽上踩出了一串深坑，谁叫它们是此时陆地上最大的动物呢！不过，泥水和火山灰很快就把这些深坑填平了，形成了一个个危险的陷阱。泥潭龙蹦蹦跳跳地来了，它没有意识到，前面就是可怕的死亡陷阱，它能避过这次危险吗？

队长开讲

科学队长 Captain Science

大家也许已注意到，泥潭龙的名字有些奇怪。它怎么会有这样一个奇怪的名字呢？现在，就让我们一起回到 1.6 亿年前的新疆，探究泥潭龙名字的由来吧！

你们看，在这片遍布水塘和沼泽的大河边，有一群巨大的蜥脚类恐龙缓缓走来。它们的个子简直太大了，身体有 30 多米长，绝对是一群巨无霸。当这群恐龙一起走过来时，简直有一种地动山摇的感觉。一看就知道，这群蜥脚类恐龙就是著名的中加马门溪龙，因为它们都有着一个超级长的脖子，长度快有体长的一半了。这群笨重的中加马门溪龙走得很慢，像是要来喝水。嘘！先别说话……（恐龙脚步声慢慢变大，又慢慢变小）它们已经离开了，居然在地上留下了一串踩出来的深坑。这也不奇怪，谁叫它们是陆地上最庞大的动物呢！

突然，天边传来轰隆隆的巨响，远远看去，

一股巨型烟雾腾空而起，原来附近的火山又爆发了。毫无疑问，火山口附近的恐龙肯定无法活命了，即便远离火山口的这群中加马门溪龙所在的地方，许多动物也不能幸免。灼热的火山灰落了下来，覆盖了大地，让这片生物王国成为一个灾难场。还好，这次火山喷发规模不算太大，这个区域的许多恐龙幸存了下来，在火山喷发之后，又开始了新的生活。

谁也没有意识到，一些新的危险又悄悄地产生了。那些被中加马门溪龙踩出的深坑很快被泥水填满，乍看起来，这里依然是一片平地。更可怕的是，许多火山灰也被雨水冲进了深坑，和泥水混合在一起，形成了一种超级"胶水"。这样，由中加马门溪龙踩出的深坑就变成了一连串可怕的陷阱。

快看，一头泥潭龙一边东张西望，一边轻快地跑过来了。虽然不远处就有几位泥潭龙"姑娘"，但是咱们这个泥潭龙"小伙子"，还没有长到可以追求"姑娘"的年纪。它可不打算早恋，

现在，饱餐一顿才是它最感兴趣的。这里富含火山灰的土地非常肥沃，滋养了它最爱吃的蕨类植物。小泥潭龙双眼发光，赶紧埋头吧唧吧唧地大吃了起来。

泥潭龙还原图

吃着吃着，忽然，泥潭龙感觉脚下一软，原来，它一不小心走进了中加马门溪龙踩出的深坑，双脚竟然陷进了烂泥里。它赶紧挣扎着爬起来，却怎么也拔不出腿来。这是怎么回事呢？过去也陷进过软泥当中，可总能挣脱出来呀？泥潭龙不知道的是，这次它可是陷进了泥水和火山灰形成的"超级胶水"中，想要挣脱出来，可没有那么容易。泥潭龙拼命地挣扎起来，没想到，它扑腾得越厉害就陷得越深，两只短短的小手一点儿忙也帮不上，泥潭龙只能拼命叫唤。然而，再怎么叫唤也

没有用。这个恶魔陷阱，一点点地吞噬了可怜的泥潭龙。1.6 亿年后，泥潭龙不幸遇难的地方已经变成了戈壁沙漠上的一个小山包。2005 年 8 月的一天，一个叫莫进尤的古生物学家非常幸运地在这个小山包上，发现了暴露出来的泥潭龙化石。

所以我们给泥潭龙取这个名字，正是因为第一头被发现的泥潭龙，是陷进泥潭里才变成化石的。

• 每 期 一 问 •

泥潭龙为什么要取名叫"泥潭龙"呢？

参考答案：因为第一头被发现的泥潭龙，是陷进泥潭里才变成化石的。

05 世界上脖子最长的恐龙
——马门溪龙

扫一扫
听科学家讲科学

开门见山

马门溪龙的脖子非常非常长，所占身体的比例比其他长脖子恐龙都要大，接近身长的一半，至少要四头成年长颈鹿的脖子连在一起才能和它相比。想想你们看到的长颈鹿，你们就能想象到它是一个多么壮观的家伙了。

队长开讲 科学队长 Captain Science

这是约 1.5 亿年前的重庆合川地区。讨厌的雨下得没完没了，许多动物都躲起来避雨去了。

不过，对我们这一期的主角——马门溪龙来说，想找个地方避雨可有些困难。它太大了，足足有 20 多米长，相当于两辆公交车连在一起

 位于芝加哥博物馆的马门溪龙骨架

那么大，大树都遮不住它，也没有山洞容得下它。所以，这几天它只能一直淋着大雨了。

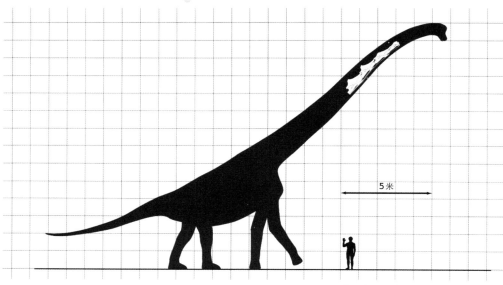

5 米

🖐️ 马门溪龙体型与人体比较

　　但是，这头马门溪龙已经习惯了。它活了几十年了，见识过太多的大场面，经历了许多困苦，甚至目睹了很多兄弟姐妹死亡，但它却幸运地活了下来，现在已经是这块地盘上的老前辈了。

　　它抬起头，不，确切地说，是举起头。马门溪龙很像有长脖子的雷龙，但是它们的脖子更显眼，接近体长的一半。但这个长脖子可并不灵活，甚至有些僵硬。它的脖子更像一个挑着脑袋

的竹竿，脖子根部强力的肌肉挥舞着这根"竹竿"，把脑袋送到想去的地方……而那个看起来小巧的脑袋相当高效，能够把这个巨大的身体喂得饱饱的。

　　它抖了抖脖子，哗啦啦地甩掉身上的雨水。

　　有点饿了，它得去找点吃的了。

地面微微震动，它迈着粗壮的肢体向前走去，前面的小动物们纷纷躲避——万一被踩到了，那可就惨啦！

就在这时，附近的一头永川龙看到了它，同时，它也看到了永川龙。永川龙有点像小号的霸王龙，体重能够达到 4 吨。就像今天丛林之王老虎一样，永川龙是这一平原上的食肉王者。现在，它已经饿得两眼发绿了。

永川龙还原图

永川龙紧紧盯着面前的这个大家伙，对一个猎手来讲，捕获到大猎物当然好，因为这么一个大块头，可以供它吃上很久。但一般来说，永川龙不会主动攻击马门溪龙，毕竟马门溪龙这么大的家伙，在被逼急的时候，反击的力量是惊人的，甚至会杀死猎手。

不过，永川龙实在是太饥饿了，它向前挪动了几步，准备发动进攻。

永川龙的动作显然也落入了马门溪龙的眼睛里，它的眼中似乎闪过了一丝不屑。接着，它抽动了一下尾巴，似乎也很随意。

但这却让永川龙突然清醒了。它看到了那如同鞭子一般甩动的尾巴，在尾巴尖上还有一块庞大的硬物。那是流星锤一般的自卫武器，永川龙可没少在这上面吃亏，但之前它遇到的都是小恐龙。如果被这个大家伙抽中，那还得了？永川龙赶紧退缩了。

虽然神情自若，但马门溪龙的内心是紧张的，永川龙在儿时给它留下了太多的阴影。它开始加快脚步，想赶紧离开这里。

也许是慌不择路，它居然走进了一片沼泽地。心慌意乱的马门溪龙没有察觉到，看起来浅浅的泥水下面隐藏着巨大的危险。它走了上去，稍微有一点黏滑，泥水刚刚没过脚趾头，还可以接受。只要走过这片泥地，到对面的林子里就安全了。

位于自贡恐龙博物馆的杨氏马门溪龙骨架

突然，它的脚一沉，一条腿陷了进去！它使劲挣扎，但却越陷越深，最后它整个身体都被吞没了。

就这样，这头马门溪龙没有被永川龙吃掉，却被淤泥吞没了。它的身体腐烂了，骨架逐渐石化，慢慢变成了化石。

大约 1.5 亿年后的 1957 年初，一个地质考察队在勘探石油天然气资源时发现了它，这就是著名的合川马门溪龙化石。这头巨龙，在相当长的时间里，都占据着中华第一龙的位置。后来，科学家在新疆准噶尔盆地发现了更大的中加马门溪龙，它的脖子更长，有近 15 米，绝对是恐龙世界中当之无愧的长脖子冠军。

每期一问

马门溪龙的脖子有什么特点呢？

参考答案：马门溪龙的脖子非常长，接近体长的一半。

06

世界上最早出现的剑龙——华阳龙

扫一扫
听科学家讲科学

开门见山

在湖边，华阳龙正带着宝宝觅食，周围看起来非常平静。华阳龙是世界上最早出现的剑龙，是剑龙家族的始祖。它在1982年，由知名的古生物学家董枝明老师等命名，是我国自贡地区非常著名的恐龙，这里过去可能生活着很多华阳龙。现在，危险正在一点一点逼近这对母子，它们能够化险为夷吗？

队长开讲

大约在距今1.6亿年前的侏罗纪中期，这时候的四川自贡的大山铺地区，河流纵横、湖泊众多，是一个比今天更加温暖和潮湿的好地方。水边茂盛的植物，使这里的土地显得格外丰饶，一些就像我们今天的老鼠一样的三列齿类小型动物，在树林中钻来钻去。

你们听，叶子忽然哗啦哗啦地响起来了。哦！原来是一头华阳龙走了过来。

华阳龙还原图

咦？它后面还跟着一个探头探脑的小家伙，竟然是一个华阳龙宝宝。

华阳龙妈妈的体长大约 4 米，这个长度大概有 2 张床加起来那么长，她的体重至少有半吨重，大概有 10 个成年女性那么重吧！但是，这样的体型在动不动就比卡车还要大的恐龙中不算是大个子。不过，华阳龙可是科学家们已知的世界上最早出现的剑龙，是剑龙家族的始祖。你们看，它们背上有两排尖尖的骨板，这是剑龙的标志特征之一。这些骨板里充满了毛细血管，除了防身之外，还能够帮助华阳龙调节体温。在战斗时，华阳龙真正的秘密武器，是它尾巴尖上的两对骨刺。要是被这两对骨刺扎一下，很有可能受重伤哦！

由于华阳龙的脖子很短，它很难像长脖子的蜥脚类恐龙那样吃到高处的叶子。但是华阳龙下巴的前端变得很像小鸟的嘴巴，可以像铲子一样来掘土。这样，它就可以吃到地下鲜美的根茎了。看着妈妈啃地皮，小华阳龙也有模有样地学了起

来，但它到底吃到了什么，就只有它自己知道了。

温暖的阳光让人感觉懒洋洋的，内心也生出一股懒意，不过昆虫显然没有被这种气氛所感染，它们还在不停地鸣叫着……

突然，周围喧闹的虫鸣戛然而止，一下子变得寂静了。华阳龙妈妈显然也察觉到了什么，它微微扬起头，用力地嗅了嗅空气，然后发出了低低的吼声。

小华阳龙马上停止了欢快的掘土游戏，变得紧张起来。它迅速钻进了附近的植物丛里，趴下身子，一动也不动了，身上跟植物一样的绿色让它和环境融为一体，这样就不容易被敌人发现啦！

哗啦！哗啦！叶子再次响了起来……

一颗大脑袋探了进来，接着，它的身子也慢慢出现了。这是一头两脚行走的肉食恐龙——建

设气龙。它的体型和华阳龙妈妈差不多，体重也差不多，但它是肉食恐龙，所以也更加强大。它的双腿很粗壮，半张开的嘴巴里，匕首般的牙齿在阳光下闪烁着光辉。它，可是顶级捕食者，是这片森林的主宰者。

华阳龙妈妈似乎非常害怕建设气龙，但想到身边跟着的小宝宝，它很快镇定了下来，它不想就这样逃走而将宝宝置于险境。它发出低低的吼声，背上的骨板也跟着竖了起来，它开始抖动身体，骨板也晃动起来，这是华阳龙的一种示威姿态。可是，建设气龙显然见惯了这种场面，它不为所动，反而步步紧逼。

对建设气龙来说，华阳龙并不太好猎杀，因为这种大型的植食性恐龙，除了背板和尾刺这两大武器之外，身体的两侧还有成排的骨板，肩膀上还有尖锐的骨钉，这些都为捕杀增加了难度。大家想想，该怎么咬一个浑身都是尖刺的硬东西呢？不过，建设气龙知道，华阳龙的身体也有脆弱的地方，它准备挑一个合适的角度下口。

就在这时，华阳龙妈妈跑了起来，它要逃跑了！

不知道是因为身体太笨重，还是华阳龙妈妈故意的，它奔跑的速度并不很快。建设气龙当然不会放任猎物逃走，它追了上去，并且很快接近了目标……

就在这时，华阳龙妈妈开始挥动起自己的尾巴，尾尖左右摆动，4根长刺则在空气中划出了美丽的弧线。建设气龙显然没有防备到这一手，它已经离华阳龙妈妈太近了。建设气龙被华阳龙的尾尖扫到了，它的腿上立即出现了两道深深的伤口。它受伤了！

伤口剧烈的疼痛让建设气龙放弃了追击，它不得不一瘸一拐地离开了。这次受伤也许会让建设气龙很久都没有办法捕猎，只能拣些死去的动物充饥。

华阳龙妈妈回来了。它低低地吼了两声。那

丛植物动了起来，小华阳龙欢快地跑到妈妈身边，在妈妈的腿上蹭啊蹭。华阳龙妈妈似乎也放松了许多，它哼了两声，然后迈步向前走去，当然，后面还跟着一个小不点。

　　这对母子就这样渐渐远去，消失在了丛林间。

哪种恐龙的身上长满了尖刺和骨板？

答案揭晓：华阳龙。

07 在风沙中顽强生存的绘龙

扫一扫
听科学家讲科学

·开门见山·

绘龙是亚洲甲龙中非常著名的代表，它身上有厚厚的重甲，尾巴上还有厉害的尾锤。绘龙不畏惧任何捕食者，但是在大自然面前仍然显得非常无力。生活在沙漠绿洲中的它们，日子可不太好过。不过，这些大家伙还是很顽强的，让我们一起去看看吧！

绘龙骨架

·队长开讲· 科学队长 Captain Science

大约在距今 8 000 万年前的白垩纪晚期，蒙古的一些地方已经非常干旱了。那里草木稀少，星罗棋布的绿洲镶嵌在一望无际的沙漠中，这里不时会有大风扬起沙尘，生存条件非常恶劣。

但是，你们可不要小瞧了生物们的生存意志，即使在这样艰苦的环境下，仍然有恐龙在顽强地生存着。在一片绿洲里，生活着成群的原角龙，这些恐龙是这一地区最常见的恐龙之一，它们看起来就像一大群散养的家猪，悠闲地啃食着植物。当然，还有我们这一期的主角——绘龙。

绘龙是亚洲地区最著名的甲龙类之一，像其他甲龙一样，绘龙的背上有结实的骨甲。这些骨甲混合着骨质和角质，使它们非常结实但又不至于太重。也如其他的甲龙一样，绘龙的尾巴末端长着一个骨锤，当它甩动尾巴的时候，骨锤能够给敌人造成很大的威胁。

不过，在这里，成年的绘龙实际上没有什么天敌。它大概有 5 米长，比你们家里的 2 张床接在一起还要长一些，体重接近 2 吨。在这个生存资源贫瘠的地方，它已经算是大个子了，没有其他和它体量相当的肉食恐龙。这家伙就是一个挥舞着锤子的小坦克啊！谁会没事找事去招惹它呢？

而在它的身后，跟着一群孩子，这可是绘龙的骄傲。它小心翼翼地呵护着它们，盼着它们快快长大。日子，始终是这么平静。

正午的阳光几乎要将大地烤干，绿洲里的恐龙们也开始渐渐受不了这酷暑了，纷纷开始找地方躲避。绘龙妈妈趴在地上开始打盹，任由小绘龙们在身边追逐嬉戏。这些小家伙们似乎还有很多精力需要释放，等它们变大、变重以后，可就再也不能这样愉快地玩耍了。

不知过了多久，在遥远的地平线处，出现了一丝不易察觉的波动。然后，这股波动迅速放大。看清了！一股沙尘暴正从天边平推过来，滚滚的沙浪迅速向前移动着。

沙漠的天气就是这样善变！毫无规律。

小家伙们停止了玩耍，好奇地看着迅速逼近绿洲的风沙，而远处的原角龙们已经发出了惊恐的叫声！

绘龙妈妈也注意到了天气的变化，小家伙们涉世不深，不知道沙尘暴的可怕，但它们的妈妈可知道这意味着什么！绘龙妈妈迅速爬了起来，挡在了小绘龙们的前面。

几乎在一瞬间，风沙扑进了绿洲。

天昏暗了！狂风呼啸，除此以外，什么也听不见。

绿洲里为数不多的树木在风中剧烈地挣扎着，然后，无声无息地折断了。

绘龙妈妈坚持着，艰难至极，即使它这样的庞然大物，在风沙中也显得那么无助。小绘龙们紧紧地靠在一起，死死地贴在妈妈身边。

风沙肆虐了很久。直到傍晚，风停了，一切才恢复了平静。黄色的沙子在夕阳下映出一缕红色，那片绿洲已经覆盖满了沙子。

突然，一个小小的沙包动了一下，一股股细沙从上面流了下来。咦？是绘龙妈妈！接下来，几个小脑袋从妈妈的身下钻了出来，是小绘龙！

接着，一阵阵呼噜声响起，不少原角龙也抖落了身上的沙土，它们中也有幸存者！只能说，这次的沙尘暴来得还算"仁慈"，更强的沙尘暴可能将它们全部埋葬。

现在，这些幸运儿们开始挖掘沙土，把掩埋的植物挖出来。它们将在这里吃上最后一顿，然后踏上征程，去寻找新的绿洲，开始新的生活。

在严酷的自然环境中，每一种生物都在努力生存着，也正是通过这种磨炼，每一个存活下来的动物，都是它们群体中的佼佼者。

• 每期一问 •

绘龙的尾巴上长着一个什么武器？

08 猎食者的遭遇
——五彩冠龙

扫一扫
听科学家讲科学

开门见山

在新疆准噶尔盆地约1.6亿年前沉积形成的岩石中，科学家们采集到由2头五彩冠龙和3头泥潭龙骨架化石形成的恐龙"三明治"。它们是怎么死亡的？为什么会被埋藏在一起？原来，恐龙"三明治"化石中隐藏着一段悲惨的故事。

队长开讲

也许大家还记得，在新疆1.6亿年前形成的岩石中，科学家们采集到一块巨型化石体，这块巨型化石体被戏称为恐龙"三明治"，因为在这块巨型化石体中，每隔大约20厘米的岩石，

就有一层恐龙化石。其中，第一层和第二层保存的就是著名的五彩冠龙化石，第三层到第五层是泥潭龙化石。为什么会出现这样的情况呢？它们为什么会被埋藏在一起？下面就让我们一起去看看当时到底发生了什么。

五彩冠龙头部图

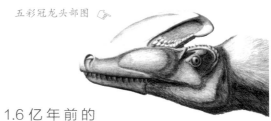

1.6亿年前的五彩湾地区是一个大河流域，池塘和湖泊星罗棋布，茂密的森林、繁盛的蕨类，养育了体型巨大的马门溪龙。马门溪龙在岸边软泥上行走时，踩出许多大坑，形成小泥潭。泥潭

中落进火山灰，形成了超级"胶水"。一旦小型恐龙不小心陷入泥潭，就将无法自拔，最终被淤泥埋葬。不少泥潭龙和其他一些小型动物都曾失足泥潭，葬送性命。五彩冠龙的这个故事就是这样开始的。

这天一大早，一头小五彩冠龙高高兴兴地在河边玩耍。在妈妈的呵护下，小五彩冠龙健康成长，学习了各种生存技巧，包括如何躲避危险，如何猎食小型动物，眼看着就要独立生活了，小五彩冠龙充满了期待。小五彩冠龙欢快地走着，离妈妈越来越远，它一点也没有注意到自己在远离安全区域。就在这时，它灵敏的鼻子却闻到了腐肉的味道。五彩冠龙不仅有着敏锐的视力，还有着超强的嗅觉，这让它成了五彩湾地区可怕的杀手。不过，它也常常吃腐肉，要知道，猎物可不是那么容易捕捉的，只要能填饱肚子，它们才不在乎是新鲜肉还是腐肉呢！

顺着腐肉味道的方向，小五彩冠龙一路找过去，很快它就看到了地面上有一个已经死亡了挺长时间的泥潭龙，头露出在一层浅浅的泥水上面，但身子还被埋在泥潭中。虽然五彩冠龙妈妈很努力，但这几天她一直没有捕捉到猎物，小五彩冠龙也因此有几天没有进食了。所以，即使隐隐觉得不该踏进泥水中，但腐肉的香味简直太具诱惑力了，它还是毫不犹豫地扑向泥潭龙尸体，想要享受一顿大餐。突然，脚下一沉，小五彩冠龙一个趔趄，摔倒在泥潭中。它慌忙伸出前肢，想撑住身体，逃离这个该死的泥潭，但发现淤泥就像超级胶水一样，非常黏稠，让它一点也动弹不得。这下它可吓坏了，拼命地尖叫，希望妈妈能够赶来救它。可是，妈妈并没有出现，它却越陷越深了。小五彩冠龙绝望地叫喊着，眼看着泥水越来越接近自己瞪大的眼睛。

粗心的五彩冠龙妈妈此时才注意到，小五彩冠龙不知什么时候从眼前消失了。也许是动物的本能，五彩冠龙妈妈感到了不安，一种不祥的预感驱使她赶紧开始寻找小五彩冠龙。她沿着小五彩冠龙留下的足迹和体味，一路寻找过去，同时不停地呼唤着，希望小五彩冠龙能够听到她的声音。她似乎听到了小五彩冠龙的呼叫声，于是加速往泥潭方向跑去。而当五彩冠龙妈妈跑到泥潭边上的时候，她看到的是小五彩冠龙微微抖动的身体，它已经耗尽体力，接近死亡的边缘了。五彩冠龙妈妈虽然非常着急，但它也知道泥潭的危险性。它小心地站在泥潭边上，试图用嘴去叼住小五彩冠龙，把它拽出来，可是因为离小五彩冠龙有些远，无法使出全身力气，所以她怎么也拽不出小五彩冠龙来。眼看就要完全陷入泥潭的小五彩冠龙和浑浊的泥水，五彩冠龙妈妈虽然犹豫了一下，但她还是伸出了一只脚，踩进了泥潭，希望能够更接近小五彩冠龙。

发生在小五彩冠龙身上的事情同样也发生在了五彩冠龙妈妈身上。五彩冠龙妈妈发现，一旦进入泥潭，再想出来，简直比登天还难。五彩冠龙妈妈和小五彩冠龙一样，慢慢地沉入了泥潭之中，最终完全被淹没了。此后，这个小泥潭中的火山灰、淤泥以及被陷进去的五彩冠龙和其他动物一起形成了坚硬的岩石和化石。1.6 亿年后，我们幸运地发现了这个地点，于是，就有了我们今天看到的恐龙"三明治"。

每期一问

五彩冠龙妈妈为什么会陷入泥潭？

参考答案：因为她想要拯救陷入泥潭的小五彩冠龙宝宝。

09 冻土上的生灵
——冰脊龙

扫一扫
听科学家讲科学

·开门见山·

在冰雪覆盖的南极大陆上，生命的脚步似乎被极度的严寒阻挡在了门外。在这片土地上，只有企鹅和海豹等极少数的动物能够悠然自得地生活。而在 1.9 亿年前的侏罗纪早期，当恐龙开始统治这个世界的时候，南极大陆上又是怎样的一番情景呢？现在让我们把时针拨回侏罗纪早期，去这片地球上最南端的土地上一探究竟吧。

队长开讲

在 1.9 亿年前的侏罗纪早期，南极洲还与非洲大陆和澳洲大陆连接在一起，恐龙王朝在地球上的建立也才开始不久，不过它们的脚步早已经遍布世界上的每个角落，南极洲自然也不例外。

虽然在当时，南极大陆还没有像今天这样到达南极点，但这片土地仍然有着分明的四季——也就是说，有着难熬的冬天。那么，生活在这里的冰脊龙和其他恐龙们，要如何度过既寒冷又没有食物的严冬呢？

这个故事开始于一个春光明媚的早晨。寒冷的冬季刚刚结束，一只肥壮的三列齿兽鬼鬼祟祟地探出脑袋，一对小眼睛紧紧盯着落在不远处的蜻蜓。这种动物看上去有点像大老鼠，它们以啃咬植物的根茎为生，不过我们有理由相信三列齿兽们偶尔也会捕捉一些昆虫换换口味，尤其是在繁殖季节即将到来的早春。

就在三列齿兽还盘算着怎么样把蜻蜓变成盘中餐时，危险早已经静悄悄地降临在它的头上。随着急促的脚步声，一张长满尖牙的大嘴仿佛从天而降一般来了个突然袭击！三列齿兽只感觉到眼前一黑，然后就在剧烈的甩动中失去意识。

这个袭击得手的猎手把头扬起来，干净利落地一口就把小小的三列齿兽吞了下去。这个猎手就是我们这一期的主角——冰脊龙，它是一种生活在南极的大型肉食恐龙。

它的头顶上有一个形状像银杏叶一样的头冠，这个头冠上面有着鲜艳的颜色，在即将到来的繁殖季节里，冰脊龙"小伙子们"就是用它来吸引"姑娘们"的注意的。哪一头冰脊龙的头冠更大，颜色更鲜艳，它就更能够吸引异性的注意。不过，现在我们的冰脊龙"小伙子"考虑得更多的是怎样填饱自己的肚子。

在已经过去的又黑暗、又寒冷的冬天里，冰脊龙们很少能够饱饱地吃上一顿美味的肉食。它

冰脊龙还原图

们更多的是寻找那些因为寒冷和饥饿而死去的恐龙尸体，或者是捕捉像三列齿兽一样的小型动物来充饥。刚刚那一头三列齿兽对于身长 6 米多的冰脊龙来说只能算得上是一份开胃的点心，冰脊龙盯着正在小河对岸享受着温暖阳光的冰河龙，

对它来说，这才是真正的大餐。

冰河龙是一种原蜥脚类恐龙，它们是冰脊龙最喜欢的猎物。在过去的几个月里，它们为了躲避极地的严寒迁徙到了北方，不过，现在正是冰河龙返回南极进行繁殖的时间。这头饥肠辘辘的冰脊龙早已经锁定了冰河龙群里一头年迈的雄性冰河龙。虽然这头冰河龙身上的疤痕显示它曾经经历过许多场充满危险的搏斗并且都赢得了胜利，但是上了年纪的它早已经雄风不再。

冰脊龙的骨架 👆

冰脊龙的头冠模型 👆

看准了目标的冰脊龙将身体隐藏在植物丛中，向河边慢慢靠近，木贼的叶子轻轻地在它身上拂过。然后，这个南极大陆上最可怕的肉食动物从它的藏身之处发起了攻击。冰河龙群里的哨兵及时发出了警告的叫声，但是为时已晚，冰脊龙早已将它锋利的牙齿刺进了老冰河龙的脖子，其他的冰河龙四处逃散，而冰脊龙的这个猎物则无力地倒在了河滩上。一击得手的冰脊龙低下头来，从猎物身上撕下一大块肉来囫囵吞了下去。

度过了艰难的冬季，在接下来的几个月中，这头冰脊龙都会过上"富足"的生活，直到再度来临的冬季把冰河龙们赶出它的领地。在侏罗纪早期的南极大陆上，猎手与猎物的生活就是这样不断重复着，直到气候和环境的改变使它们彻底退出历史舞台，而将这些神奇的动物生存过的痕迹和无尽的谜团留给 1.9 亿年以后的我们。

● 每期一问 ●

冰脊龙的头冠长什么样子，有什么作用呢？

参考答案：冰脊龙的头冠像是两把梳起的头发，推各朝向前，是由头骨引起横向隆起的。

10 原来我不是翼龙
——奇翼龙

扫一扫
听科学家讲科学

奇翼龙还原图

开门见山

这是一种拥有蝙蝠或者翼龙那样翅膀的恐龙，它们的体型如鸽子般大小，曾经在天空中滑翔，穿梭于林中。也许，它们曾是竞相飞向天空的恐龙中的先锋，但是，它们还是失败了。随着鸟类的崛起，它们淡出了历史的舞台。它们是谁呢？

队长开讲

科学队长
Captain Science

在大约 1.6 亿年前的河北北部的某树林里，生活着很多小动物，还有一些会飞的翼龙。翼龙这个大群体可不完全长得一样，有一些翱翔在高空的大个子，但那是在白垩纪；生活在侏罗纪的翼龙都是小个子。这里的翼龙就很小，它们在树林里筑巢，在附近的湖里抓小鱼，看起来就和今天的鸟儿一样生活着，但它们的飞行利器和鸟儿的翅膀可差着十万八千里呢！翼龙的翅膀就像蝙蝠的翅膀一样，是皮膜翼，而鸟儿的翅膀是由美丽的羽毛形成的。

当然，翼龙其实不是恐龙，它们是会飞的爬行动物。不过，随着翼龙爸爸捡回来一枚蛋，这个翼龙家庭就和恐龙有联系啦！

其实，翼龙爸爸是从树下捡回来的一枚蛋，它也不太确定这是不是自己家里掉下去的蛋……这个蛋是有些怪，翼龙窝里的其他蛋都是软壳蛋，但这个蛋的壳有些硬。呃，反正它们样子长得差不多，大小也差不多，所以，应该是自己的宝宝吧！

翼龙妈妈不识数，也完全没有发现这枚蛋就是多余的。于是，她利索地把捡来的蛋放进了自己的蛋堆里。看来，学好数学真的很重要，还好我们人类一般一次只会生下一个宝宝。

奇翼龙体型与人体比较

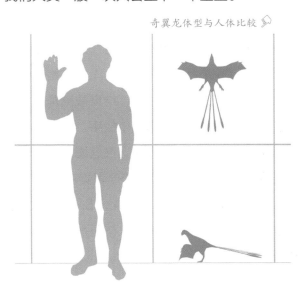

日子一天天过去了，翼龙爸爸妈妈也早就忘记了捡回一枚蛋的事情。

又过了一段时间，窝里的蛋开始有动静了。咔巴！咔巴！一头头小翼龙孵化了出来！

听着这些宝宝稚嫩的叫声，翼龙爸爸妈妈高兴极了！

就在这时，又是"咔巴"一声，又有一枚蛋破开了一个小口，钻出了一个小小的脑袋……

咦？不太对啊！

翼龙爸爸妈妈看起来似乎有点困惑：宝宝应该有又尖又长的嘴巴才对，这个宝宝的嘴巴是不是短了一点啊？嗯……好像也不够尖……怎么有点像地上跑的那些恐龙呢？

不过，看到小家伙那扑扇的小翅膀，翼龙爸爸妈妈又放心啦！树林里的恐龙要么没有翅膀，都是在地上跑的；要么翅膀像小鸟一样，长着一根根的羽毛。谁见过长着翼龙翅膀的恐龙啊？这就是自己的宝宝，只是长得有点奇怪吧！

不过，在其他小翼龙的眼里，这个小家伙真的是相当丑！没有小翼龙愿意和这个丑丑的小翼龙玩，它非常伤心。不过，爸爸妈妈仍然尽职尽责地保护它，教它如何飞翔。但是，不管怎么教，小翼龙都没有自己的兄弟姐妹们飞得好。它只能非常笨拙地滑翔，而小伙伴们不仅能滑翔，还可以扇动翅膀飞行呢！于是，小伙伴们就更瞧不起它，让它抬不起头来。

"小丑孩"渐渐长大了，没有别的小翼龙愿意和它做朋友，但它真的很渴望能有一个朋友。

直到有一天，它在树林边看到了一只和自己一样"丑"的小家伙从这里路过。原来，还有和自己一样的家伙存在。

小翼龙既兴奋又紧张，远远地在后面跟着。

就这样，它们一前一后，一会滑翔，一会跳跃，一会爬行。它们穿过树林，翻过小山，来到了"小丑孩"从没有到过的一片树林。

天啊！树林里不时有很多和它一样的家伙在滑翔。原来，它们是和翼龙完全不一样的族群！它们是会滑翔的恐龙，它们有着类似翼龙翅膀的翅膀，这在恐龙大家族中可是从来没有见过的。于是，科学家们在 1.6 亿年后，给它们起了一个好听的名字——奇翼龙，意思是"拥有奇怪翅膀的恐龙"。

那么，这个小奇翼龙怎么会出现在翼龙领地呢？原来，是这个"小丑孩"的妈妈在路过翼龙领地的时候，遗失了一枚蛋，结果被翼龙夫妇捡到了，于是就发生了上面这个故事。现在，小奇翼龙找到了它的族群，而且，在这里它算是一个比较英俊的家伙，再也没有同伴嘲笑它了。不过，有的时候，它还是会怀念和翼龙们在一起的时候，会跑回到原来的森林去看看，毕竟那里是它曾经成长的地方。

　　奇翼龙有恐龙的身子，但是却有像翼龙或者今天的蝙蝠那样的翅膀。它们是代表恐龙走向天空的先行者。虽然它们没能成功征服天空，但是奇翼龙的发现，说明恐龙在飞向蓝天的过程中，进行了各种尝试，最终只有一种长有像鸟类翅膀的恐龙征服了蓝天。

● 每 期 一 问 ●

奇翼龙的翅膀和鸟儿的翅膀有什么不一样的地方？

参考答案：奇翼龙的翅膀是像蝙蝠翅膀那样的一块皮膜，鸟儿的翅膀是由羽毛构成的。

来自中国的猎手
——和平中华盗龙

扫一扫
听科学家讲科学

·开门见山·

提到肉食恐龙，大家很容易想到北美洲的霸王龙、异特龙，南美洲的南方巨兽龙，非洲的棘龙，欧洲的重爪龙……那咱们中国有过哪些厉害的肉食恐龙呢？下面科学队长就要为大家介绍一种发现于中国的大型肉食恐龙，它叫作"和平中华盗龙"。但与名字不同，它的生活可一点儿也不和平……

·队长开讲·

科学队长
Captain Science

提起厉害的肉食恐龙，大家会想到哪些名字呢？或许有的小朋友会想到霸王龙、异特龙、棘龙……但是，它们都不是咱们中国的恐龙。那么，中国的肉食恐龙是什么样的？它们又有怎样的故事呢？下面我们一起回到侏罗纪晚期的四川，去看一种生长在中国境内的肉食恐龙——和平中华盗龙。

和平中华盗龙头骨

在 1.6 亿年前，四川的气候越来越干燥。一条大河在大陆上奔腾而过，两岸的大树却稀稀落落的。在河边的小丘陵后面，一头庞大的和平中华盗龙正借着小土坡的掩护悄悄寻找着猎物。和平中华盗龙是一种体长接近 8 米的大型肉食恐龙，它们看起来有点驼背，但仍然杀气十足。

李氏蜀龙还原图

它虎视眈眈的猎物是一个由几种吃植物的大型恐龙组成的恐龙群。随着气候变得越来越干旱，庞大的植食性恐龙们不得不把一生中的大部分时间用来迁徙，寻找宝贵的食物和水源，一旦找到了水源，它们会毫不吝啬地和其他种类的植食性恐龙分享。

这头饥饿的和平中华盗龙已经跟踪这群植食性恐龙两天了，它估计它们会在今天渡河，所以提前一天游了过来，准备趁它们刚刚过河、精疲力竭的时候发动攻击。如果能抓到一头老弱的植食性恐龙吃就太好了！它聪明地选择在丘陵旁的土坡后面进行埋伏，这个位置位于下风口，嗅觉灵敏的植食性恐龙闻不到它的气味。真是一个好位置啊！

植食性恐龙正在渡河。水流湍急，恐龙宝宝们的每一步都迈得格外艰难。大恐龙们尽量把恐龙宝宝围在中间，避免它们因为站立不稳，被河水冲走。在靠近河岸的时候，一头精疲力竭的年老的李氏蜀龙一脚踩空，摔进水里，结果这头体型庞大、尾巴末端长着膨大尾锤的植食性恐龙，竟然被水里一头还不到 3 米长的周氏西蜀鳄趁机死死咬住了鼻子，不到一分钟就被活活淹死了。

剩下的恐龙胆战心惊地渡过了河，待在岸上休息，等待着恢复体力。而现在，就是出击的最好时机。这头等待已久的和平中华盗龙俯下身子，悄悄地向恐龙群逼近。

然而，它才刚走两步，这群庞大的植食性恐龙群就开始尖叫，紧接着奔跑起来。难道是被发现了？那么，现在是孤注一掷地去追赶，还是放弃这个等了两天的机会呢？成年和平中华盗龙还来不及犹豫，就惊讶地发现植食性恐龙群的奔跑声越来越大。咦，它们是在向自己跑来！它后退了两步，躲到两棵大树的阴影里悄悄观察。

原来，在另一边，有一头还没完全成年的和平中华盗龙被恐龙群发现了。恐龙们为了躲避它，拼命向自己这边跑来，越来越近，真是完美的进攻机会。机会来了！它突然对着最靠前的恐龙冲了出去，一口就咬住了跑在最前面的一头恐龙的脖子。这头被咬得措手不及的恐龙，是一头成年的多棘沱江龙，它是一种强壮的剑龙，尾巴上有又长又尖的尾刺，被扎到可疼啦！要不是这么近

的突然袭击，和平中华盗龙可不一定打得过它呢。

沱江龙还原图

等它把沱江龙彻底咬死，大地早已经恢复了平静，幸存下来的植食性恐龙们逃得无影无踪了。过早暴露的年轻盗龙一无所获，气急败坏地走向坐享其成的同类。不像我们人类，凶狠的和平中华盗龙之间可没有友谊，战斗就是它们之间打招呼的方式。年轻的盗龙对着成年盗龙发出低吼，这是挑衅的信号。成年盗龙脾气更坏，猛地蹿了过去，想给年轻的盗龙致命的一击。年轻的盗龙见势不妙，转身就跑，突然后腰上一阵剧痛，显然已经被成年盗龙咬伤了。它忍着痛，继续拼命向前跑去；而成年盗龙刚刚才抓到一头沱江龙，

也累坏了，不想继续追赶，便懒洋洋地回去继续享用它的大餐了。

　　听完了这个故事，你们是不是想说，这和平中华盗龙明明一点都不和平啊？其实"和平"这两个字，并不是说它生性平和，而是它的发现地，正是四川省自贡市和平乡。和平中华盗龙非常凶猛，也非常残忍，甚至还会杀掉自己的同类。但是，这是由这个物种的本性决定的。

● 每期一问 ●

和平中华盗龙名字中的"和平"是什么意思呢？

◆参考答案："和平"，是指发现和平中华盗龙化石的四川省自贡市和平乡。

12 黑白相间的森林舞者
——近鸟龙

扫一扫
听科学家讲科学

开门见山

鸟类是从恐龙进化而来的。早在鸟类出现之前，有一些恐龙已经长出了羽毛。我们下面介绍的主角近鸟龙就是羽毛的先行者之一。想知道长了羽毛的恐龙和鸟类有什么区别吗？科学家们经过仔细的研究，居然准确地复制了近鸟龙羽毛的颜色呢！

赫氏近鸟龙还原图 1

准确复原了其实际颜色的恐龙。想知道它们的秘密吗？让我们一起回到侏罗纪去一探究竟吧！

在 1.6 亿年前的侏罗纪晚期，中国北方的气候越来越干旱了，但是在辽宁西部却是一幅不同的景象。一个大湖旁边，植物长得郁郁葱葱的，在湖边一块没有被高大银杏树遮挡阳光的地方，

队长开讲

提起鸟类，大家都会想到羽毛，但其实最早长出羽毛的动物是恐龙。近鸟龙就是一种早在鸟类出现前就长出了羽毛的恐龙，也是科学家最早

一个小小的身影从低矮的蕨树丛旁边蹿了过去。这个小家伙就是我们这一期的主角近鸟龙，它是一种用两条腿奔跑的兽脚类恐龙。这头雌性的近鸟龙，与大家印象里那些高高大大的恐龙可不一样，它体长只有 30 多厘米，体重不到 200 克，比一只鸡还要小。乍看起来，近鸟龙长得特别像一只小鸟。瞧，它身上长满了羽毛，前肢变成了扑腾来扑腾去的"翅膀"。近鸟龙身上的大部分地方都是黑色的，只有脑袋上长了一个红色的羽冠，翅膀上有几道黑白相间的条纹，身后还拖着一条长长的尾巴。如果我们悄悄地靠近它，仔细观察一下，就会发现它和鸟类有一个特别明显的不同之处，那就是它的那两条奇怪的腿上，居然也长了前肢上那种长长的飞羽！咦？它居然长了两对"翅膀"呢！但是，近鸟龙的"翅膀"还不是真正的翅膀，不能像鸟儿一样拍打翅膀飞向蓝天！

赫氏近鸟龙还原图 2

近鸟龙体型与人体比较

近鸟龙虽然不会飞，却也自有一套生存诀窍。诀窍的第一点就是不挑食。近鸟龙胃口很好，无论荤的素的，只要能塞进嘴里，它什么都吃。这会儿，馋嘴的雌性近鸟龙正忙不迭地品尝着刚刚长出地面的蘑菇呢。前几天，这一带刚刚下过一场暴雨。那场雨下得真大啊，虽有羽毛保护，小小的近鸟龙还是被淋成了落汤鸡。现在雨过天晴，这一大片鲜嫩的蘑菇不失为一种不错的补偿。突然，前方一个白色的小身影吸引了近鸟龙的注意。啊，原来是一只肥美的甲虫幼虫！这样完美的蛋白质来源，近鸟龙才不会错过呢。但是这些幼虫非常机警，稍有风吹草动就会钻到土下，再想挖出来可就难了。靠近它时一定要全神贯注，小心，再小心……

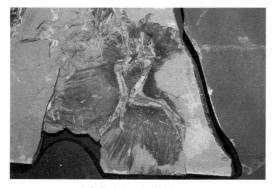

近鸟龙的化石标本

突然，幼虫机警地抽搐了一下，迅速地钻进土里去了。唉，还是惊动了它吗？要不要赶紧冲上去把它挖出来呢？就在它犹豫的那一瞬间，它好像听到不远处有什么动静。它想也没想，朝着另一个方向拔腿就跑，结果刚跑出两三米就失足掉进了前方一块由巨型蜥脚类恐龙打闹时留下的土坑形成的烂泥潭里。近鸟龙体型较小，穿越泥水可不是它的长项。在这样一个讨厌的地方，它可跑不快了！

近鸟龙不得已转过了身子。它迅速地把全身的羽毛尽可能地竖起来，让自己显得比刚才大了不少。它头上的红色羽毛在阳光下耀眼夺目，特别神气，但配合上身湿漉漉往下滴答的泥浆，就显得有点滑稽了。近鸟龙开始打量跟上来的恐龙。它看到的是一个一脸好奇的小恐龙——这是一头还未成年的天宇龙。

天宇龙虽然长着一对吓人的大獠牙，但却是一种吃素的恐龙。它的体型也很小，和一个小哈巴狗差不多大，在恐龙世界里绝对是一个"人见人欺"的小家伙。它平日里躲躲藏藏，很少露面，这次总算碰见一种和自己体型差不多大的恐龙，想仔细看看，没想到把人家吓了一大跳！要说，天宇龙是吃素的，性格也很温和，其实它追近鸟龙只是想看清楚这个奇怪的小家伙是什么。近鸟龙和它对峙了几秒钟，发觉对方没什么攻击性，于是生气地冲着它叫了几声。年轻的天宇龙被吓了一跳，下意识地退了两步，不高兴地扭头走开了。近鸟龙赶紧爬出泥潭，跑到一个阴暗处甩干泥水，才重新出来寻找蘑菇和昆虫。

近鸟龙刚刚走出藏身的地方，就听到了一连串同类的叫声。它往叫声传来的方向一看，原来是一头雄性的近鸟龙。雄性近鸟龙一边叫，一边俯下身子左右摇晃长长的尾羽，这是求爱的标志。很快，又有两头雄性近鸟龙赶了过来，纷纷俯身跳舞，大献殷勤。原来，雌性近鸟龙刚才冲着朝阳龙大叫时，附近好几头雄性近鸟龙都听到了叫声，纷纷跑过来寻找它了。雌性近鸟龙到底该选哪一个当"男朋友"呢？它正在犹豫时，又一头雄性近鸟龙跑了过来。不过，跟前三头不一样，这头雄性近鸟龙的嘴里叼了一只肥大的肉虫子！它把肉虫放在雌性近鸟龙脚边，跑到一旁也开始跳舞。四头雄龙的尾羽都差不多长，跳舞水平也差不多，但是雌性近鸟龙越看越觉得刚才叼来虫子的那只雄性跳得好看。它决定不再犹豫了，对着第四头雄性近鸟龙俯下身子，也开始摇摆自己的尾巴，这是接受求爱的信号。另外的三头雄性近鸟龙眼见求爱被拒，一秒钟也不愿多待，扭头就走掉了，它们要去寻找下一个目标了。而这对甜蜜的情侣则会在温暖的夏天产下一堆恐龙蛋，利用夏季的高温和巢内植物腐烂产生的温度孵化它们。在秋天到来以前，那些恐龙蛋就会变成一群小恐龙宝宝，继续在这片湖边的天堂繁衍生息。

● 每期一问 ●

近鸟龙有几对翅膀呢？

参考答案：两对。

13 长着一对大獠牙的天宇龙

扫一扫
听科学家讲科学

·开门见山·

长着长长的毛发状羽毛的天宇龙，嘴巴里面有一对大獠牙，这在恐龙世界中可是非常特别的。这样特别的天宇龙在丛林里面过着怎样的生活呢？它们都有什么样的朋友呢？在它的生活中又会遇到怎样的危险和困难呢？下面科学队长就将带领大家跟随一位天宇龙妈妈，看看她是怎样找到自己失散的宝宝的。

·队长开讲·

科学队长
Captain Science

我们都知道，人、老虎、大象等哺乳动物都有一个特点，这就是它们嘴里长着不同形状的牙齿，不信你们现在就照镜子看看。但是大多数恐龙和我们不一样，它们嘴里的牙齿形状非常相似，

科学家给恐龙的牙齿起了一个名字，叫作"同型齿"。不过，恐龙世界也不完全如此。在侏罗纪晚期的中国辽宁地区，就有这么一种小恐龙，它们的嘴巴里面除了一排扁平的牙齿，还有一对大獠牙，龇出嘴巴，好吓人呀！更神奇的是，它们的身上还有着和哺乳动物的毛发很相似的原始羽毛！这种恐龙叫"天宇龙"。天宇龙的原始羽毛虽然乍一看像毛发，但细微之处却是完全不一样的。接下来，我们一起回到 1.6 亿年前的辽宁省，看看在天宇龙身上都发生了什么有趣的故事吧！

天宇龙还原图

在一片蕨树丛里，天宇龙妈妈正在紧张地发出呼唤孩子的叫声。在几个小时之前，她还带着她刚刚能够离开巢穴的宝宝在蕨树丛里面寻找吃的东西，不料却突然遭到了足羽龙的攻击。为了保护她的孩子，天宇龙妈妈装作受伤的样子，好不容易才引开了凶猛的足羽龙，最后逃进了远处的小河里面才把足羽龙甩掉。不过让她十分紧张的是，当她再次回到宝宝躲藏的地方时，本应该藏在蕨树丛里面的天宇龙宝宝却不见了。

天宇龙妈妈嗅了嗅地面上的味道，向蕨树丛深处的一个方向钻了过去。她用两条前腿轻轻拨开蕨树叶子，向宝宝离开的方向发出呼唤，然后仔细地听着，不漏掉一丝回音。很快，天宇龙妈妈就听到了几声鸣叫，她匆匆忙忙地穿过树丛，两头小恐龙出现了。这是她的宝宝吗？仔细地看了看，这两头小恐龙虽然也长着羽毛，不过却是片状的羽毛，不是和天宇龙妈妈一样的毛发状羽毛。也就是说，很可惜，这两个小家伙是近鸟龙的宝宝，不是天宇龙妈妈的宝宝。

天宇龙妈妈继续在丛林里寻找孩子们的踪迹。突然，她发现了树桩上面蹲着两只长着细毛的小动物。可是它们的嘴巴里只有一种尖尖的牙齿，那它们一定不是自己的孩子了。仔细看了看，这两只小动物还长着翅膀呢，原来是翼龙啊！

没有灰心的天宇龙妈妈顺着孩子们留下的气味来到了河边，一个毛乎乎的动物冲着她张开了嘴巴。哎呀，它的嘴巴里面有三种不一样的牙齿呢！但它是天宇龙的孩子吗？很可惜，这是獭形狸尾兽，它可是哺乳动物，肯定不是天宇龙妈妈的孩子啦。看！这只獭形狸尾兽的身后还跟着三只毛茸茸的小宝宝。獭形狸尾兽带着自己的宝宝们钻进河里游走了。天宇龙妈妈只好再一次踏上寻找自己宝宝的道路。

獭形狸尾兽

突然，苏铁树后面沙沙地响了起来，有两条调皮的小尾巴露了出来！不一会儿，从树后面钻出了两个好奇的小脑袋，两头小恐龙从蕨树丛下面的叶子里跑了出来，它们张开嘴巴发出了呼唤妈妈的叫声。瞧！它们的嘴巴里长着一排扁平的牙齿和一对龇出嘴巴的大獠牙，身上还有毛茸茸的毛发状羽毛，这就是天宇龙妈妈的孩子啊！天宇龙妈妈终于找到自己的宝宝了。原来，两只好奇心旺盛的小家伙看到足羽龙走掉了，马上从躲藏的地方跑了出来，不知不觉就与妈妈走散了。

找到了走散的孩子们，天宇龙妈妈终于可以松一口气了。她温柔地用头蹭了蹭两个小家伙的脖子，带着宝宝们向蕨树丛的深处走去。很快，它们的身影就消失在了茂密的树丛中。

● 每 期 一 问 ●

天宇龙的牙齿有什么特别之处？

参考答案：天宇龙长有一对龇出嘴巴的大獠牙。

14

头戴王冠的暴龙
——冠龙

扫一扫
听科学家讲科学

✿ 开门见山 ✿

冠龙的个子不大，但它却很可能是霸王龙的祖先哦！在它的头上，有非常显眼的头冠，就像国王的王冠一样。不过，这头冠真正的作用，很可能是在求偶的时候吸引异性的。这样一个王冠虽然能帮助它赢得异性的青睐，但同时也会给自己带来致命的危险。这到底是怎么回事呢？

✿ 队长开讲 科学队长 Captain Science

这里是侏罗纪时期的新疆准噶尔盆地，距今约1.6亿年前的五彩湾地区气候越来越干旱，这里的生物常常要长久地忍耐干旱的气候。这不，今年的雨季迟迟没有到来，万物都在期盼着。

伴随着一场淅淅沥沥的小雨，所有的动物都开始亢奋起来。这是雨季即将来临的开场，植物将开始旺盛地生长，这里的生存资源即将富足，动物繁殖的时刻到了。

看！树下有一只长满灰黄色羽毛的大鸟……哦，不！它是一头恐龙。它大概有3米长，身高也已经长到了1米左右。而最特别的是，它的头上有一个红色的头冠，这让它看起来非常显眼。又细又薄的骨头支撑的这个头冠是专门用来向"姑娘们"展示实力的。它，就是五彩冠龙。

五彩冠龙的头冠

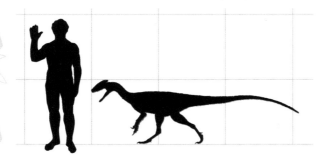

五彩冠龙体型与人体比较

这头五彩冠龙两足行走，速度很快。与十多米长的暴龙后辈相比，作为祖先的五彩冠龙体型还是太娇小。不过没关系，这个家族还有足够的时间去进化出那巨大的体格。现在，它匆匆走过这里，似乎还有很重要的事情。

没过多久，又有几头五彩冠龙先后从树下经过，一个个都是行色匆匆的样子，朝着相同的方向。那里发生了什么事情吗？

在树林的外边，一块开阔的空地上，已经聚集了几十头五彩冠龙，还不时有五彩冠龙赶来。这些迅捷的猎食者通常单独行动，现在，它们开始聚拢在一起了。看起来，这里是它们的求偶胜地啊。

不知道是谁首先发出了一声嘹亮的吼叫，接下来所有的五彩冠龙开始一起扬起头向天鸣叫，声势惊人——求偶的舞会正式开始了。

一个叫小 A 的五彩冠龙"小伙子"一边鸣叫着一边靠近自己中意的目标。它抖动身体，使自己身上的羽毛蓬松起来。但是，它中意的五彩冠龙"姑娘"似乎看不上它，开始伸长脖子，张开嘴巴，朝小 A 威胁地嘶吼，看起来一言不合就要大打出手了呢。

小 A 被拒绝了，无奈地开始寻找着新的目标。

五彩冠龙还原图

小 A 朝另一个五彩冠龙"姑娘"走去，它故伎重施，拼命地摇晃着脑袋，向五彩冠龙"姑娘"展示它那又大又鲜艳的头冠。但不巧的是，还有一个五彩冠龙"小伙子"也在向这个五彩冠龙"姑娘"示爱。小 A 有些紧张，但它很快就觉得要胜券在握了，因为它看见对手的头冠只有半截，原来是在捕食猎物的过程中，不小心受伤了。漂亮的头冠可是赢得姑娘芳心的利器，不过，这么精致的头冠在平时打斗和捕猎过程中，可是很容易被损坏的，甚至还有可能招致杀身之祸。小 A 看着对手的半截头冠，越想越得意，更加拼命地向五彩冠龙"姑娘"展示自己那美丽的头冠。只有半截头冠的五彩冠龙看到小 A 又高又大的头冠，无心恋战，悻悻地去寻找其他伴侣了。

小 A 击败了对手，兴奋地朝天吼叫。

小 A 的头冠显然征服了五彩冠龙"姑娘"，它没有做出拒绝的动作，目不转睛地盯着小 A，任由它一点一点靠近。

小 A 开心极了！如果事情发展顺利，它就终于能有自己的"女朋友"了！

它开始用后腿在地面上向后刨土，挖出一个扁平的小坑，这只是筑巢的动作。当然，它不是真打算在这里筑巢。这只是一个仪式，是在向五彩冠龙"姑娘"展示它想建立一个巢穴的愿望和能力。

小 A 卖力地用腿挖着坑，五彩冠龙"姑娘"的眼神也越来越柔和。

最后，五彩冠龙"姑娘"慢慢地走到小 A 面前，用自己的脑袋蹭了蹭它。小 A 求偶成功了！

于是，两条五彩冠龙面对面站在一起，然后仰头向天，共同鸣叫，向同伴们宣誓它们的结合。接下来，它们一前一后，慢慢消失在了地平线上……

每期一问

五彩冠龙的头冠主要是用来做什么的？

参考答案：求偶时用来吸引异性的。

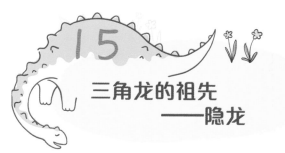

15

三角龙的祖先
——隐龙

扫一扫
听科学家讲科学

● 开门见山 ●

　　说起三角龙，可能大家都知道这是一种生活在白垩纪晚期的恐龙，头上有一个能保护脖子的大盾牌和三只锋利的长角，看上去威风凛凛。它们可能是最出名的恐龙之一了。不过，生活在 1.6 亿年前的三角龙的祖先看上去就没有这么威风了。下面，我们一起回到侏罗纪晚期的中国新疆地区，拜访一下三角龙的祖先，看看它们究竟是什么样子的吧。

● 队长开讲 ● 科学队长 Captain Science

　　我们的故事要从 1.6 亿年前说起，那个时候距三角龙出现在地球上还有 9 000 多万年呢！那时，如今中国新疆西北部的那一片区域，还是一片郁郁葱葱的丛林，一条宽阔的大河碧波荡漾，大河两岸湖泊和池塘星罗棋布。小巧的翼龙在湖面上飞来飞去，看准机会就俯冲下去叼起水面上的小鱼。

　　蕨类植物在高大的针叶树林下面旺盛地生长着，这些植物吸引了很多植食性恐龙。一小群隐龙正从丛林中钻出来，它们用两条后腿行走，看上去十分灵巧。隐龙的全长有 1 米左右，是恐龙中的小个子。它们的头上没有角也没有颈盾，如果只看外表的话，你们可能根本不会把它与白垩纪晚期像重型坦克一样的三角龙联系起来。正如我们所看到的一样，隐龙的身上可没有什么用来防御的武器，所以当遇到危险的肉食恐龙的时候，它们就只好迈开两条腿逃命了。

隐龙还原图

一群刚刚能够离开巢穴的隐龙宝宝小心地跟在妈妈的身后，两只大眼睛闪烁着好奇的光，仔细地打量着湖边各种各样的恐龙们。自从它们从蛋里面孵化出来后，还是第一次来到森林的边缘，周围的一切对它们来说都很新奇。不过，虽然对于这些小家伙来说，来到森林边上觅食像是一次新鲜又刺激的旅行，但隐龙妈妈可不这么想。成年的雌性隐龙小心地将幼龙们带到一片蕨类植物附近，把它们的小脑袋推到鲜美的嫩芽前面。

学会寻找和分辨能吃的植物，这是隐龙宝宝们所需要学习的第一课。淘气的隐龙宝宝咬掉了嫩芽，还把整棵蕨给挖了起来。一只藏在土里的昆虫仓皇逃跑，反而把隐龙宝宝吓了一大跳，它飞快地跑到妈妈的身子下面躲了起来。

就在隐龙宝宝们还在开心打闹的时候，一头将军龙也被鲜嫩的植物吸引到了这里。将军龙是一种剑龙，它们身长约 6 米，身上还有锋利的尖刺和甲片。隐龙们很欢迎它的到来，因为当肉食恐龙发动攻击的时候，隐龙们可以在慢吞吞的将军龙的掩护下逃回自己藏身的丛林中。能够辨认和依靠威武的将军龙来保护自己，也是隐龙宝宝所要学习的一项重要技能呢！

隐龙们最主要的敌人是五彩冠龙。说起来很有趣，隐龙和五彩冠龙的后裔分别是赫赫有名的三角龙和霸王龙！随着时间的前进，隐龙的后代（角龙类恐龙）与冠龙的后代（暴龙类恐龙）之间的竞争也在年复一年地不断上演。在角龙类恐龙与暴龙类恐龙之间的生存战争中，有时暴龙

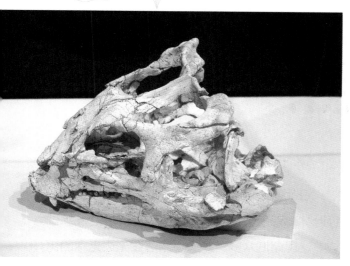

隐龙的头骨化石

胜利，有时是角龙们从暴龙的嘴下逃生。这两个恐龙家族之间战斗的故事在接下来的数千万年里不断重复，直到 6 600 万年前这两个家族中最为出名的两个成员——三角龙与暴龙粉墨登场，最后，随着整个恐龙王朝的覆灭迎来中生代的终结。

• 每期一问 •

三角龙的祖先"隐龙"，是两足行走还是四足行走？

参考答案：两足行走。

16

白垩纪的睡美龙
——寐龙

扫一扫
听科学家讲科学

·开门见山·

我们现在知道，并不是所有的恐龙都在 6 600 万年前白垩纪末期的大灭绝事件中消失了。早在这次大灭绝发生前，恐龙的一支就演化成了鸟类，成功地在大灭绝事件中幸存了下来，并且一直生存到今天。古生物学家们已经在化石中发现了许多鸟类演化自恐龙的化石证据，不过有一头来自中国辽宁西部的小恐龙不仅留下了它的化石，还通过化石保存的像鸟一样的睡姿告诉我们，一些恐龙已经演化出了像鸟类一样的睡眠姿态，它的名字叫作"寐龙"。这个"寐"字，就是"睡觉"的意思，可以理解成，它就是恐龙中的"睡美人"。

·队长开讲· 科学队长 Captain Science

在距离现在大约 1.2 亿多年前的中国辽宁，针叶林郁郁葱葱地生长在一座火山脚下的浅水湖边。这里湖泊众多，好像是洒落在无边无际的树海中的一颗颗珍珠一样，珍珠与珍珠之间还连接着或明或暗的溪流。蕨类和低矮的苏铁生长在枯死倒下或者被大型恐龙推倒的树木边上，小型的恐龙追逐着各种小动物在倒下的树干上跑过。生命在这里旺盛地生长着，一切显得生机盎然。

在密密的蕨丛里面露出了一个毛茸茸的小脑袋，两只大眼睛眨呀眨的，正垂涎欲滴地盯着不远处水边刚刚羽化的蜻蜓，这个小家伙就是我们这一期的主角——寐龙。寐龙是一种身上披着羽毛的小型兽脚类恐龙，一对大眼睛和脚上弯钩一样的爪子表明了它的家族——这是一种伤齿龙类恐龙。对比起生活在白垩纪晚期北美洲的亲戚们，寐龙的身体结构更加类似鸟类。

寐龙还原图

　　小寐龙蹑手蹑脚地从藏身的蕨丛中钻出来，一点一点接近那只肥大的蜻蜓。伤齿龙类恐龙的一对大眼睛给它们提供了良好的视力，能够使它们准确地判断出猎物的位置。寐龙自然也不例外。

　　水边的木贼上，刚刚羽化的大蜻蜓还在抖动着翅膀，希望翅膀能够快一点变硬，好飞到空中，躲开那些可怕的捕食者。不过，它还不知道，它早已经被小寐龙盯上了。只见小寐龙突然爆发，

从蕨丛里面一下子跳出来，飞快地跑到水边，一口就把蜻蜓咬到了嘴里。对于年轻的寐龙来说，蜻蜓这样蛋白质丰富的昆虫是再好不过的食物了，既能填饱肚子，又能为它的成长提供重要的蛋白质，但抓到美味的蜻蜓的机会可并不多。

　　在水边羽化的蜻蜓不止一只，现在正巧是蜻蜓们大量羽化的时间。在水中生活了好几个月的水虿们纷纷爬上水边的植物，然后蜕皮羽化成为蜻蜓，最后展翅飞翔。这样的机会可不容易遇到，小寐龙趁机在水边对着数也数不清的肥美的蜻蜓吃得不亦乐乎。

　　不一会儿，小寐龙就吃饱了，连远处的火山冒出的浓浓黑色烟尘也没有注意到，它现在最想做的事情就是找一个安全舒适的地方美美地睡上一觉。因此，这头小寐龙摇摇晃晃地钻进了一棵中间朽烂的树干，找到一个满是干燥的苔藓的好地方。这块干燥的苔藓就好像床垫一样，舒服极了。只见它把后腿蜷缩在身子下面，小脑袋向后缩进翅膀里，和现在的鸟儿睡觉的姿势一模一样。

寐龙体型与人体比较

很快，吃得饱饱的小寐龙就进入了梦乡。

就在这头小寐龙还做着美梦的时候，远处的火山蠢蠢欲动，又一次开始喷发。火山发出隆隆的巨响，但这并没有打扰到寐龙的好梦，含有剧毒物质的火山气体早已经覆盖在了地面之上。可怜的小寐龙不知不觉已经中毒身亡了，它直到死去还保持着熟睡的姿势。过了不久，火山的喷发达到了高潮，喷涌而出的火山灰将山脚下数百平方公里的土地都覆盖了起来，包括刚刚死去的寐龙、羽化的蜻蜓和数不清的无数生命……

1 亿多年以后，当古生物学家们发现这头小寐龙化石的时候，它还保持着 1 亿多年前熟睡的姿势，好像还做着甜美的梦。通过观察它的化石，我们可以知道，小型的兽脚类恐龙睡眠的姿态与鸟类几乎别无二致，这说明在行为上，恐龙与鸟类也保持着密切的关系。

中国辽宁西部这片土地就像是 1.2 亿多年前的意大利庞贝古城，这里所有的生物仿佛都是在

寐龙化石

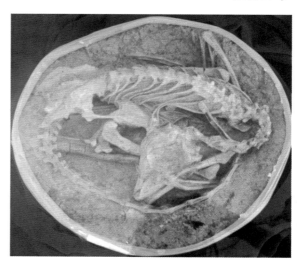

一瞬间被喷涌的火山灰埋藏了起来，它们至死都还保留着生前的动作和姿势，有的正在觅食；有的正在奔逃；而有的就像我们的小寐龙，正在做着一场再也不会醒来的美梦。

• 每期一问 •

小寐龙的睡姿是什么样子的？

17 会飞的始祖鸟

扫一扫
听科学家讲科学

开门见山

有一种恐龙，被奉为"始祖鸟"。这种小巧的恐龙生活在侏罗纪晚期的欧洲。在那里，它们捕食小虫、小蜥蜴，偶尔也追追小恐龙，它们也许能飞，但是飞行的技术不太好。它们是恐龙们在征服蓝天竞赛中的先行者之一。

始祖鸟应该和伶盗龙一样，同属恐爪龙家族。不管它属于鸟类家族还是恐爪龙家族，始祖鸟可都是一个大明星，连接了鸟类和恐龙家族。想看看它们吗？那就让我们回到侏罗纪时代，一起去到1.45 亿年前的德国吧！

队长开讲

科学队长
Captain Science

这一期故事的主角是一种非常著名的恐龙，它的名字叫"始祖鸟"。咦？这不是一种鸟的名字吗？是的，起初科学家们确实以为它是一种和恐龙没有关系的鸟呢！后来才发现，这种生活在侏罗纪末期的鸟儿和恐龙长得还真像，尤其像侏罗纪公园中的伶盗龙，以至于有些科学家认为，

始祖鸟捕捉幼年美颌龙的还原图

这是一片稀疏的森林，林边有一片湖泊。清晨，水汽慢慢地从湖泊中升起，薄薄的雾气蔓延到森林里，幽静、安宁。

"沙！沙！沙！"，是谁躲在树林里？小小的黑色身影一闪即逝，从一棵树飞掠到另一棵树上。这是乌鸦吗？不对，这个时代还没有乌鸦。这个小家伙显然也没有乌鸦那么精妙的飞行能力，它虽然能够扇两下翅膀，但更多的是跳跃或滑翔。

始祖鸟的浅色翅膀 👉

如果你们轻轻走近它，就会发现它虽然和乌鸦差不多大，但却不是全身乌黑，还夹杂着浅色的羽毛。跟乌鸦更不同的是，它的翅膀上有爪子，嘴巴里有牙齿，这样它就可以轻松地手脚并用，爬到树上了。不过这可丝毫没有减慢它在地上奔跑的速度。这个跑得快又会飞行的小恐龙，就是始祖鸟。

直到今天，还没有人能解释清楚始祖鸟到底是怎样学会飞行的。科学家们猜想，也许是它的祖先就一直生活在树林里，于是在树林之间的穿行中慢慢学会了滑翔和飞行；也可能是它们在陆地上奔跑的时候，学会利用前肢来保持平衡、帮助跳跃，于是在漫长的演化中，它们的前肢就慢慢变成了翅膀的样子。

现在，它在树上叼起了一只虫子，咽了下去。昆虫是它最喜欢的食物，不过，如果有小蜥蜴等小动物出现，它也会想要美餐一顿，毕竟要在自然界中填饱肚子可不那么容易。

这时，它站在树枝上向下张望，像一个哨兵。为了寻找猎物，它常常这样做。

忽然，"窸窸窣窣"的声音传来，立即吸引了始祖鸟的注意力。原来，是一头美颌龙宝宝在散步。长大以后的美颌龙比始祖鸟要大，始祖鸟可不敢欺负，但是美颌龙宝宝就不一样了，看起来很好吃的样子。

这头小美颌龙东张西望，看起来非常警觉，但是并没有注意到自己头顶的危险。

等小美颌龙来到树下后，始祖鸟忽地张开翅膀，一跃而下，锋利的脚趾翘起来，做好了进攻的准备。

可能是因为好久没有飞了，始祖鸟一不小心碰到了树叶，发出了声响。小美颌龙察觉到了危险，急急地拐了一个弯。始祖鸟扑空了。

偷袭不成功的始祖鸟开始追逐逃走的小美颌龙，小美颌龙急匆匆地往湖边跑去，始祖鸟也紧紧跟在后头。眼看着离湖边越来越近，就在这个时候，一条红色的舌头从小美颌龙旁边射了过来，好像闪电一般，瞬间就把小美颌龙卷走了。无声无息，就好像那里从没有出现过这头小美颌龙一样。

始祖鸟显然吓了一跳。它来了一个急刹车，跳了起来，开始扇动翅膀，有点气急败坏，想要找找到底是谁抢走了自己的午餐。它往湖边扫视了一眼，你们猜它看到了什么？

啊，原来是一头比自己大不少的侏罗猎龙，嘴巴外面还露着小美颌龙的一小截尾巴。侏罗猎龙瞪着大大的眼睛，咽了几下，小美颌龙就彻底进了它的肚子。

一顿美餐就这么进了别人的肚子，始祖鸟虽然很生气，但这头侏罗猎龙这么大，它可不愿意浪费精力去打架，只能无奈地拍拍翅膀，离开了这个伤心的地方。

说到这里，你们是不是很好奇，故事里的始祖鸟真的可能存在吗？它真的长有羽毛吗？科学队长告诉你们，它们还真的存在呢。

在德国索伦霍芬地区 1.45 亿年前沉积形成的岩石当中，科学家们发现了十几件始祖鸟化石，不

始祖鸟的骨架 👆

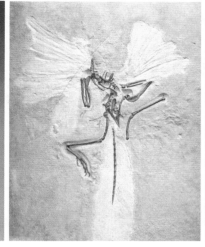

柏林始祖鸟的标本 1 👆

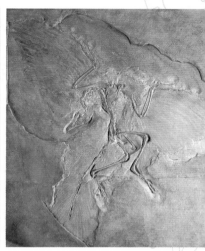

柏林始祖鸟的标本 2 👆

仅有骨骼，还有羽毛的痕迹，特别像鸟类用来飞翔的飞羽，代表当时最早的长有羽毛的动物，所以给它起名叫作始祖鸟。不过，后来科学家们在我国的辽宁西部地区，又发现了许多带羽毛的恐龙化石。人们终于意识到，有羽毛的动物不一定就是鸟类。和现代鸟儿相比，始祖鸟其实更像恐龙，尤其像恐爪龙类。不过，始祖鸟到底属于鸟类还是恐爪龙类，还存在争议。科学家们就是这样，通过争论和更深入的研究，不断地推动着科学进步。

每期一问

为什么始祖鸟最开始会被认为是鸟类呢？

参考答案：因为始祖鸟身体化石中央有羽毛的痕迹，这有翅膀的鸟类，还有翅膀上来飞翔的飞羽。

18 被错当成鸟的中华鸟龙

扫一扫
听科学家讲科学

·开门见山·

有一种恐龙，曾经被错当成鸟，并且最终掀起了一场关于龙和鸟的大争论。它有一条长长的、毛茸茸的大尾巴，还有一双小短手。虽然它号称"肉食恐龙"，但是因为个子太小，只能小心翼翼地过日子，它就是中华鸟龙。下面，就让我们一起转动时间的轮盘，回到距离现在大约1.25亿年前的白垩纪早期吧。

队长开讲

这里是我国辽宁西部的一片森林，丰沛的雨水让这里的树木葱郁茂盛。茂密的树林里不时响起各种鸣叫，就像鸟儿们在唱歌一样，不过发出这些鸣叫的并不全是鸟儿，有时候还有一些恐龙。

"啾啾"，低矮的植物丛中传出了鸣叫声，紧接着，枝叶晃动，探出来一颗棕色的小脑袋，它正四处张望着。

没有发现危险，它跳了出来。

这是一个浑身棕色的小家伙，虽然它的身体和母鸡差不多大，但是它还有一条长长的、毛茸茸的大尾巴，让它的身体看起来有教室里的小书桌那么长。这条棕红色的尾巴上，有一圈圈白色的圆环，和动物园看到的小熊猫的尾巴很像，非常显眼。要知道，这条尾巴可是它的骄傲。因为在它们的世界中，只有拥有最漂亮的尾巴的"小伙"，才能得到"姑娘们"的青睐，它们的审美观念和我们可不太一样啊。探出的脑袋下面，搭着它短短的前肢，不过仔细观察就会发现，这两只小短手上的拇指却很粗壮呢！

中华龙鸟还原图

不用说，你们也一定猜到了，它就是这一期的主角——中华鸟龙。我们可以清楚地看到，它身上披着原始的羽毛，有点像刚刚出壳的小雏鸟。当然，它可不会飞，这些羽毛是用来保暖的，就像我们的羽绒服一样。

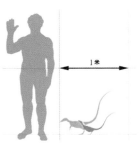

中华鸟龙体型与人体比较

1米

它左看右看，再次确认没有危险后，又开始叫了起来，"啾啾啾"。

忽然，植物丛里又探出一颗小脑袋，接着，又一颗，接着，越来越多小脑袋一起探了出来。一、二、三、四……原来有十多头啊！它们都有一样的体色，一样的长尾巴。看来，这是一个中华鸟龙的小家族了。而最开始出来探路的那头，多半就是它们的首领了。

"首领"似乎对这块地方非常满意，它又"啾啾"叫了两声，大家就纷纷跟着走了出来。咦？大家的尾巴抬得都不一样高，"首领"的尾巴微微上翘，抬得最高，而其他小家伙的尾巴却微微低垂着。原来这条长尾巴也可以表示社会等级呀！

现在，是自由活动的时间。

当然，它们要做的第一件事情，就是找吃的。虽然中华鸟龙也算是肉食性恐龙，但是它们的个子实在太小啦，所以也只能抓抓小蜥蜴、小哺乳动物之类的作为食物。它们最喜欢的，是那种软绵绵、肉乎乎的虫子，最美味啦！

"吧嗒"——一头中华鸟龙用它那粗壮的手

指揭开了一块腐朽的树皮，里面美味的肉虫露了出来，它用舌头把虫子卷进了嘴里，看起来相当愉快。这就是拥有粗壮指头的好处，揭树皮找肉虫子吃的时候真是太方便了。

接下来，四处都响起觅食的声音，伴随着不时响起的"啾啾"声，以及争抢食物的打斗声，这里渐渐热闹了起来。觅食活动的高潮来临了！

有动静！似乎有什么巨大的东西在接近！

"啾——啾——！"

"首领"发出了警报！它紧张地扬起头，尾巴像旗杆一样竖起，说明事态非常严重。

于是，所有的中华鸟龙们立即停止了活动，然后四散开来，迅速地钻进附近的植物丛里隐蔽了起来，一动也不敢动。这里马上就变得静悄悄、空荡荡，完全看不出隐藏着一小群恐龙。而那些小眼睛正在黑暗中，警惕地观察着即将到来的危险。

声音越来越近了……

哈哈！原来是一头慢吞吞的植食性恐龙。它慢悠悠地走了过去。

过了好久，声音越来越远，再也听不到了。

中华鸟龙的首领又率先探出头来。

没有危险啦！"啾——啾——啾！"

接着，这群中华鸟龙一个接一个地又探出头来啦。它们钻出植物丛，回到了觅食地。愉快的生活又可以开始了，仿佛之前没有发生过任何事情一样。

你们瞧，那些弱小的生命就是这样顽强地生活着，卑微、坚强而且乐观。

中华鸟龙的骨架 👆

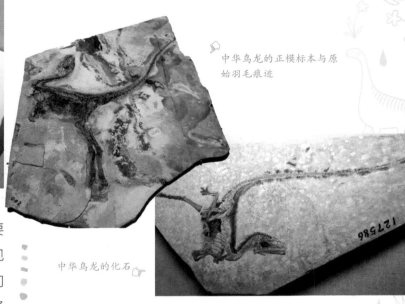

中华鸟龙的正模标本与原始羽毛痕迹

中华鸟龙的化石 👉

中华鸟龙不仅有漂亮可爱的大尾巴，更重要的是，它也是科学家们的最爱，代表着我们发现的第一种带有原始羽毛的恐龙。最初，科学家们以为带有羽毛的动物就应该是鸟类，所以还曾经称它为"中华龙鸟"，意思是说它是一种像恐龙的鸟。后来，随着很多带羽毛恐龙化石的发现，大家才知道，很多恐龙都是有羽毛的，中华龙鸟也是恐龙，不是鸟，它更准确的名字应该是"中华鸟龙"。你们看，科学家也会犯错误呢！其实，犯错误并不可怕，只要意识到错误，能够及时改正，就是一种进步！

● 每期一问 ●

有羽毛的动物就是鸟类吗？

参考答案：不是。

19 不怕寒冷的羽王龙

扫一扫
听科学家讲科学

· 开门见山 ·

1.24亿年前白垩纪早期的中国东北，天寒地冻，年平均气温只有10℃左右！不过，别以为恐龙在这么冷的气候环境下没有办法生活，为了抵御寒冷，生活在这里的恐龙们学会了利用羽毛来保持身体的温度，而且到目前为止人们所发现的最大的带羽毛恐龙就生活在这里，它的名字就叫"羽王龙"。羽毛的"羽"，国王的"王"，意思是"有羽毛的暴君"。让我们赶快回到1.24亿年前的中国辽宁，领略一下这个身披羽毛的恐龙之王的风范吧！

· 队长开讲 ·

这是一个寒冷的冬日清晨，下了一夜的雪已经停了，升起的太阳把光辉洒落在洁白的雪地上，十分耀眼。黑色的针叶树林戴上了一顶顶白色的帽子，偶尔还有厚重的雪块从承受不住重量的树枝上簌簌地落下，掉落在雪地上发出沉闷的声响。

在一棵倒在地上的大树后面的角落中，喷出了两道白气，一个长着灰白色羽毛的巨大身影从雪地里面站了起来，用力地甩动了几下身体，把覆盖在身上的雪花抖落到地上。它的身长足有9米，相当于2辆货车接连排在一起的长度。它的嘴巴里长着切肉刀一样锋利的牙齿，而它身上的羽毛，还带着斑驳的花纹。这是一头正值壮年的华丽羽王龙，它是这片寒冷的森林地带的主宰者。

羽王龙还原图 👆

我们知道，一只动物的身体越大，它就越难以把身体代谢所产生的热量散发出去。所以通常来说，大体型的动物身上都很少有厚实的毛发，就像动物园里的大象和犀牛那样。不过，为什么这头羽王龙在它庞大的身躯上长满了能够保存热量的羽毛呢？因为在羽王龙生活的时代，中国辽西地区的气温忽然降低，迎来了一个低温时期。突然的降温导致周围的环境异常寒冷，有点类似

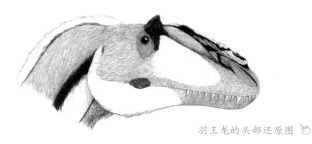

羽王龙的头部还原图 👆

现在我国东北冬天的气温，而生活在这里的动物们，为了保持自己的体温，都使出了浑身解数，进化出了各种保暖的方法。羽王龙身上用来保暖的羽毛就是其中之一。

在刚刚过去的那个寒冷难熬的夜晚，羽王龙身上的羽毛使它的体温不至于过低，因此在太阳刚刚升起的时候，它就能够从昨晚休息的避风处站起来，开始巡视自己的领地。在早餐之前，它需要先寻找一个阳光充足的空地，晒一会太阳使自己完全暖和过来。

羽王龙的狩猎场就在它过夜的这片森林中，它有点像我们熟悉的冰河时期的另一种巨兽——猛犸象，这两种动物都长着用来保暖的毛发，并且都生活在冰天雪地之中。也正是因为这样，它们才不会因为毛发使体温变得过高而被热死。如果气温升高的话，这些习惯于生活在寒冷环境中的大型动物反而会受不了。

暖和起来的羽王龙继续在领地里巡逻，一边

左右张望，一边努力地嗅着周围的空气，希望能够发现一些猎物的蛛丝马迹。气候变得越来越寒冷，像羽王龙这样的大型肉食恐龙想要捕捉猎物就越来越艰难。不像奇异帝龙或者其他的小型兽脚类恐龙，可以依靠数量众多的小型哺乳类动物来填饱肚子，对于这只披着羽毛的恐龙君王来说，太小的猎物恐怕连塞牙缝都不够，只有像东北巨龙那样的大猎物，才算得上是一顿大餐，而奇异帝龙那样的中型猎物，也只不过能勉强糊口。

就在它还在努力寻找食物的时候，前方朽烂的树洞里面传出了一点动静，好像有一只动物刚刚跑进了那里。羽王龙立刻提起了精神，蹑手蹑脚地慢慢向树洞靠过去。和现代的老虎或者雪豹一样，习惯了在冰天雪地里面捕猎的羽王龙的身上，也有着条纹和斑点组成的图案，这些图案可以使它在捕猎的时候不容易被猎物发现，从而提高捕猎成功率。

看来羽王龙的运气不错！刚才跑进树洞里面的刚好是一头奇异帝龙，这头帝龙刚刚捉到了一只小型的哺乳动物，正打算美美地享用一番。帝龙也是暴龙类恐龙之一，如果按照分类上的亲缘关系来看，它还是羽王龙家族的"远亲"呢。只不过，门外饥肠辘辘的羽王龙，显然不是来找它攀亲戚的。

奇异帝龙的骨架

帝龙两三下就把猎物吞进了肚子里，还没等它心满意足地回味过来，树洞外面的羽王龙已经对它发动了攻击。这巨大的肉食恐龙将头猛地撞进了树洞，锋利的牙齿刚巧将帝龙尾巴上面的羽毛扯掉了一撮。帝龙吓得魂飞魄散，从洞口下面的缝隙里面夺路而逃。羽王龙这一撞，刚好把已经朽烂的树洞撞了个粉碎，碎片飞得到处都是。帝龙从缝隙中逃掉之后，羽王龙也紧紧跟在它后面追了出去。

在雪地里逃命的帝龙显然不如羽王龙速度快，地面上的积雪影响了帝龙逃跑的速度，但是对庞大的羽王龙却没什么影响。幸运的是，好运气似乎站在帝龙那边，在经过一个小雪丘的时候，它的速度突然加快，跳过了雪丘就不见了踪影。失去了目标的羽王龙只好停下追赶的脚步，不过它也发现了更加有价值的东西，刚刚帝龙跳过的

羽王龙的骨架

那个"小雪丘"，其实是一头冻死在大雪中的年轻的东北巨龙。它的尸体被雪覆盖以后就好像被冷冻在了冰箱里面，丝毫没有腐烂变质的迹象。这可是一顿美味的大餐，有了这头东北巨龙的尸体，羽王龙可以轻松地度过这个冬天了。

• 每期一问 •

羽王龙的羽毛是用来干什么的？

参考答案：抵御寒冷。

20 大爪子镰刀龙

扫一扫
听科学家讲科学

●开门见山

有一种恐龙，它们体型巨大，虽然是植食性恐龙，却具有凶猛而巨大的利爪。它们的祖先也许曾经吃肉，但它们已经完全不同。它们在白垩纪晚期的亚洲大陆平静地生活着，但当威胁到来的时候，它们也能放手一战。它们，就是知名的大爪子恐龙——镰刀龙。

●队长开讲

科学队长
Captain Science

在白垩纪晚期，青藏高原还是一片平原，大片的陆地被海水淹没，所以蒙古的环境要比今天温暖潮湿得多，这里生长着一片片的森林。在这些茂密的森林里，不时有小型恐龙跑过，或者古鸟飞过，一些艳丽花果点缀在林中。在白垩纪晚期，一些学会了开花的植物已经非常繁荣了，它们和昆虫结盟，借助它们的力量传粉，生了很多"宝宝"。而没有花吸引昆虫的裸子植物，有了这么有力的竞争者，正一点点衰落，生存空间变得越来越小。

"哗啦啦"，一棵树的叶子发出了响动，居然奇怪地被压弯了腰，吓得几只古鸟飞掠而逃。哦！原来在树的另一边，有一头恐龙，正在用它粗壮的爪子扒拉这棵树呢！

哎呀，这可真是一个大块头！它大概有9米长，像霸王龙一样只用两条后腿着地，支撑着身体。它的腿特别长，一个成年人站起来使劲够也够不着它的腰呢！说完了大长腿，让我们再来看看它的手吧。好神奇！每只手的三根手指上都有一根长而厚重的大爪子，就像电影《X战警》里面的金刚狼一样，可威风了！仔细看看，爪子中最长的那一根，都要接近1米了，比你们的小课桌都要长。这头帅气的恐龙，就是因为这大爪子而得名的镰刀龙。

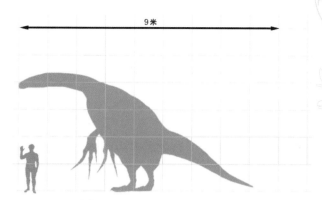
9米

🖐 镰刀龙体型与人体比较

🖐 镰刀龙一家还原图

作为植食性恐龙，镰刀龙的这些像镰刀一样弯弯的大爪子，像钩子一样好用，能够帮它们钩住树木的枝叶，然后压下树枝享用美味。当然，它还有一个长脖子，不然也不能吃到高处的叶子。

不过，这一次，这头镰刀龙可不是为了自己吃大餐。

你们瞧，它的旁边还有两个毛茸茸的小家伙在探头探脑，这两个小家伙就是它的宝宝。

🖐 小镰刀龙待在蛋里的样子

这两头小镰刀龙已经长得跟你们差不多高了，可以自己吃东西了，所以镰刀龙妈妈特地把这棵树拽弯了腰，好让宝宝们吃到顶端的嫩叶子。当然，刀龙镰妈妈自己也可以趁机饱饱口福。"吧唧！吧唧！"这顿午餐可真好吃啊。

就在这一家三口吃得津津有味的时候，在远处树丛的阴影里，竟然藏着一双虎视眈眈的眼睛。这双眼睛的主人正偷偷躲在树的后面，一点点向吃午餐的镰刀龙一家靠了过来，越来越近，越来越近。看来，它的目标是那两头小镰刀龙了，它的眼睛，直直地盯着这两只正在啃嫩叶的小家伙呢。

"啪嗒"，不知是这双眼睛的主人运气不好，还是它太心急了，竟然不小心踩断了地上的一根树枝。虽然这个声音不大，但是警觉的镰刀龙一家已经发现了。

它们马上停止了进食，四处张望起来，小镰刀龙更是紧张得躲到了妈妈的身后。眼睛的主人知道自己已经暴露了，只好放弃了偷袭，但面对这么大块头的镰刀龙妈妈却有些力不从心，可又不愿意放弃美食。怎么办呢？犹豫了一会，咕咕叫的肚子让它决定豁出去，冒险一试。

"哗啦！哗啦！"它从黑暗中走了出来。

我的天！这也是个大家伙呢！

它的体型与镰刀龙差不多，而且还要更长一些。更重要的是，那长满锋利牙齿的血盆大口表明，它是一头凶猛的肉食恐龙。它，就是这片大地上鼎鼎有名的特暴龙，是这里的顶级掠食者。

特暴龙张开嘴巴，伸长脖子，朝着镰刀龙母子发出了震耳欲聋的咆哮。这是王者才有的气势！

小镰刀龙被吓得瑟瑟发抖，不知所措。

这时，镰刀龙妈妈却毫不畏惧，勇敢地站了出来，它挡在了小镰刀龙的面前，决心用自己的力量捍卫自己的宝宝！

镰刀龙妈妈像篮球运动场上的防守运动员一样，张开了双手，做出了防御姿态。它巨大的爪子在这时变成了防身的武器。

特暴龙步步逼近，它张开巨口，炫耀着自己锋利的牙齿，希望能让镰刀龙妈妈不战而逃。

不过，镰刀龙妈妈丝毫没有退缩的样子。

箭在弦上，不得不发。特暴龙张开大口，咬向镰刀龙妈妈。

幸好，像金刚狼一样，镰刀龙妈妈已经把利

用爪子战斗的技巧掌握得相当娴熟。它猛地抬起一只手，用力往特暴龙的脸上一抓。特暴龙的头被打得往旁边一偏。哎呀，没有咬到目标，它的侧脸却被镰刀龙妈妈抓出了三道特别深的痕迹，鲜血哗啦啦地流了出来。

疼痛彻底激怒了特暴龙，它大声咆哮，再次准备进攻！下一个回合，镰刀龙妈妈还能占上风吗？

"哗啦！哗啦！"声音再次响起，又有一只庞然大物出现了。

哦，这是一头成年镰刀龙，看起来是镰刀龙爸爸回来啦！

镰刀龙爸爸显然注意到了这里的战斗，它回来得非常及时。两头镰刀龙开始挥舞着爪子向特暴龙逼近。

完全没有胜算！特暴龙的头脑迅速冷静了下

镰刀龙的手掌模型

来，它必须撤退了。它知道，面对两头成年镰刀龙，即使是比它还要凶悍的霸王龙也很难讨到便宜呢。于是，特暴龙非常果断地转身离开了。性情温和的镰刀龙并没有追击，战斗就这样结束了。终于，镰刀龙一家四口可以安心地吃饭了。

你们知道吗？科学家们最开始发现镰刀龙的时候，就被它巨大的手爪吸引了，不过那时候大家可没有猜对它们的功用。人们最初以为镰刀龙是像乌龟一样四肢爬行的，那巨大的镰刀是用

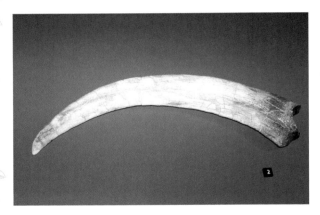

🐾 镰刀龙的指爪模型

来叉鱼吃的；也有人认为镰刀龙的镰刀适合刨土，猜测镰刀龙也许是吃植物根茎的。不过今天，我们认为镰刀龙是像大猩猩或者大地懒那样，用后肢走路，用前肢来钩取或者抓取食物的。说不定以后，你们还会发现它们的大镰刀有更多的用途呢！

● 每 期 一 问 ●

现在的科学家认为，镰刀龙那镰刀似的爪子有哪些用途呢？

21 巨大的鸭嘴龙类恐龙 ——山东龙

扫一扫
听科学家讲科学

·开门见山·

在白垩纪时期，地球上生活过一类样子古怪的植食性恐龙，它们既能用四条腿行走，也能抬起前腿依靠两条后腿奔跑。最特别的一点就是，这些恐龙的脸上长着一张像鸭子嘴一样宽扁的嘴巴。这些恐龙有一个共同的名字——鸭嘴龙类恐龙。而在鸭嘴龙家族中，有一种特别巨大的恐龙，它们生活在白垩纪晚期的中国山东，这种恐龙的名字就叫"山东龙"。

队长开讲

科学队长
Captain Science

在 7 000 万年前的白垩纪晚期，中国的山东省到处都是河流和浅浅的湖泊，在湖泊边上不远的地方，就是植物茂盛的山林，这里生活着无数的恐龙、翼龙以及其他各种各样的动物。

这是一个雨季的下午，一大群多到数不清的山东龙们，正试图穿越一条流经山谷的河流。由于雨水充沛，这条河流的水位渐渐涨得越来越高。虽然雨季的到来带来了充足的饮用水，以及吃也吃不完的绿色植物，但是泛滥的洪水和随之而来的泥石流也成了许多动物的噩梦。

这群山东龙正在迁徙的路上。只要穿过这条河流，出了山谷，就是一眼望不到边际的鲜嫩植物，那里是山东龙们养育后代的重要栖息地，是山东龙小宝宝们的"幼儿园"。

山东龙属于鸭嘴龙科中的栉龙亚科，它们的头顶平坦，没有头冠，也没有能发出声音的长角。它们的长相有点像它们生活在北美洲的亲戚——埃德蒙顿龙，只不过它们的个子要比埃德蒙顿龙大许多。成年的山东龙能够长到14~16米的惊人身长，而埃德蒙顿龙的身长通常只有9米左右。

咦？这群恐龙里，怎么有几个家伙长得不一样？原来在这群浩浩荡荡的山东龙群外围，还有几头落单的中国角龙。它们在迁徙的路上与伙伴们走散了，只好随着"龙多势众"的山东龙们一起迁徙，希望能依靠山东龙的帮助，早一点发现天敌，可以安全到达目的地。但是山东龙和中国角龙都没有意识到，在它们身后不太远的地

山东龙还原图

■ 巨型山东龙
■ 宽尾巨保罗龙
■ 连接埃德蒙顿龙
■ 帝王埃德蒙顿龙

15米

山东龙体型与人体比较

方，有一头可怕的肉食动物，正在窥视着这支迁徙中的恐龙大军，它就是诸城暴龙。

诸城暴龙是霸王龙的中国表亲。和霸王龙一样，诸城暴龙也长着巨大的头部、锋利的牙齿和小小的前肢。而中国角龙则属于尖角龙类，它的头上长着用来抵御敌人的锋利的角和保护脖子的颈盾。

在面对像诸城暴龙这样的大型肉食恐龙的时候，山东龙有一个优势，那就是它比暴龙还要大许多，这是它的北美洲亲戚们比不了的。山东龙不仅是最大的鸭嘴龙类恐龙，还是鸟臀类恐龙中个头最大的一个。成年山东龙有着长达 14 米的块头，这样的大块头就算是大型肉食恐龙也要敬畏三分，不敢轻举妄动，所以，几头诸城暴龙会组成一个小群体来狩猎山东龙，这样才有比较大的把握。有这么巨大的身材，就算说山东龙是鸟臀类恐龙之王也丝毫不为过。

☞ 山东龙骨架

就在山东龙和中国角龙们过河的时候，尾随在这群恐龙身后不远处的诸城暴龙忽然从藏身的地方一跃而出。它朝着恐龙群大吼，希望能把龙群吓住，这样就能抓住一头老弱的山东龙来填饱肚子了。即使是体型这么巨大的山东龙们，遇到诸城暴龙的突然袭击，也吓了一大跳。有几头年轻的雄性山东龙甚至忘了咀嚼嘴里面的植物，就这么呆呆地看着眼前危险的敌人。

看来，诸城暴龙的突然袭击卓有成效，眼前的山东龙一时间连逃跑都忘记了。诸城暴龙只要向前冲两步，就可以抓住一头吓呆的山东龙，让它变成自己的盘中美味了。

可是，就在这个时候，离成功只有一步之遥的诸城暴龙忽然停下了脚步，一下子变得谨慎起来，它停下来思考了一会儿，就头也不回地朝着山谷的出口跑掉了。

这让山东龙们更加疑惑了。

还没等山东龙群从这突然的变化中回过神来，这些植食性恐龙们也听到了一个声音。原来这就是让诸城暴龙害怕的声音——泥石流的声音！雨季里的雨水疯狂地冲刷着山上的土壤，最终引发了可怕的泥石流。轰隆隆的巨响仿佛是从天边传过来的，但泥石流从山坡上倾泻而下的速度却快得超乎想象。

山东龙群想要逃离这座山谷时已经太晚了，更何况松软的地面和湍急的水流又限制了它们逃跑的速度。就在几分钟之后，倾泻而下的泥浆和土石，就把这个小山谷里的一切都吞噬了。不管是树木还是河流，山东龙还是中国角龙，甚至刚刚想要逃跑的诸城暴龙，都一起被淹没在了好几米深的地下。庞大的龙群在转瞬之间就消失在狂奔的泥石流里，就好像它们从来没有出现过一样。在大自然可怕的灾难面前，即使是14米长的巨大身躯，也挽救不了山东龙死亡的命运。

斗转星移，沧海桑田。等到这些山东龙重见天日、再一次沐浴在阳光下时，时间已经过去

🐾 泥石流中的山东龙化石

发现了数不清的山东龙化石。这场泥石流虽然吞没了整个山东龙群，但是却形成了世界上最大的恐龙墓地。

了 7 000 万年。属于恐龙的时代早已经结束，取而代之的则是我们人类。古生物学家们在中国的山东省发现了这片泥石流的遗迹，并且在这里

● 每期一问 ●

在我们的故事中，跟着山东龙群迁徙的植食性恐龙是谁呢？

参考答案：中国角龙。

22 脖子上长着"风帆"的阿马加龙

扫一扫
听科学家讲科学

·开门见山·

你们观察过鱼儿的背鳍吗？就是长在鱼的背上、张开像一把小扇子的结构。想象一下，要是把两面背鳍平行地安装在一头蜥脚类恐龙的脖子上，会是什么样子呢？还真有这种恐龙，它的名字叫作"阿马加龙"。梁龙类恐龙有着所有恐龙之中最长的身体，但这一期的主角阿马加龙却是梁龙中的小个子，这是为什么呢？

·队长开讲·

科学队长
Captain Science

梁龙类恐龙是生活在中生代最出名的恐龙之一，通常都长着长长的脖子和跟身体差不多长的尾巴。它们的尾巴不仅能像杠杆一样，用来平衡脖子的重量，挥舞起来还可以当作攻击敌人的武器。

这些长长的梁龙生活的时代，是侏罗纪晚期，但是它们的后代一直延续到了白垩纪早期。

说到这里，你们可能已经猜到了，阿马加龙就是白垩纪早期梁龙家族的最后一批成员，生活在南美洲的丛林里。

作为一种梁龙类恐龙，阿马加龙却没有继承祖先梁龙的超长体型，而且正相反，阿马加龙的身型并不算很大，长只有 13 米左右，要知道，最长的梁龙有好几十米呢！

阿马加龙属于梁龙超科之中的叉龙科。叉龙科之中的三种恐龙——阿马加龙、叉龙和短颈潘龙，都不是大个子恐龙。叉龙的身长大约 12 米，而短颈潘龙更小，只有不到 10 米的身长。这些恐龙都算是梁龙家族里面的小个子了。

卡氏阿马加龙、梅氏短颈潘龙和汉氏叉龙体型比较

阿马加龙的家，就在阿根廷雨水充沛的针叶林里。这里生活着很多恐龙。因为旱季的时间很短，雨季时间很长，所以植物在这里生长得特别茂盛。成群的翼龙们往返于林间和海边，收集给自己建造房子的材料和食物。在一望无际的针叶林外的平原上，巨大的阿根廷龙们正在寻觅着食物，它们不断啃食着丛林外围的树叶，并且把比较细的树木推倒，开拓出一条穿越丛林的道路来。阿马加龙和同为蜥脚类的身长 9 米的萨帕拉龙们，则跟在推土机一样的阿根廷龙的周围，疯狂地吃着巨龙们推倒在地的树冠上的嫩叶。

在这个由许多蜥脚类植食性恐龙组成的群体里，你们肯定可以一眼找出阿马加龙来。因为在它们的脖子上长着像鱼的背鳍一样特别明显的两面"风帆"呢！阿马加龙的颈椎上，还长着两根又尖又长的神经棘。这两点也是它们最明显的特征了。这些神经棘上，还连接着像风帆一样的皮膜。科学家们猜测，生活在阳光不充足的丛林里面的阿马加龙，很可能就是利用这些皮膜来调节自己的体温的。

骨棘间有皮膜的阿马加龙还原图

👆骨棘间无皮膜的阿马
加龙还原图

这时，树林下斑驳的阳光里，这头阿马加龙正在贪婪地吞吃着一棵小杉树的叶子。这棵树刚刚被路过的阿根廷龙一脚踢倒在地，倒在地上的树冠正是素食动物们最喜欢的美味。这头阿马加龙沉醉在美味的食物里，只顾着吃啊吃，甚至连它的恐龙群走远了都没有发现。

脱离群体可是危险的行为，因为在素食动物的群体外围，总是会跟着一些想要捡便宜的肉食动物，正等着看有谁会落单，成为自己的食物呢。

看到落单的阿马加龙，三头跟在恐龙群身后不远的爆诞龙就赶紧摆开了阵势，打算好好给这个贪吃的家伙"上一课"。

爆诞龙身长 7 米，体格健壮。它们属于阿贝力龙科，是一类生存在南半球的肉食恐龙。这类恐龙的吻部比较短，适合咬住猎物不放并使猎物窒息而死。虽然在这片土地上它们还不是最强大的掠食者，但是对于阿马加龙这样中小体型的蜥脚类恐龙来说，能够在丛林里穿行的爆诞龙远比那些巨型兽脚类更加可怕。

就在傻乎乎的阿马加龙还在专心致志地把杉树叶子吞进肚子里的时候，三头爆诞龙已经把它围在了中间，等到这头阿马加龙注意到危险的时候，似乎已经插翅难逃了。看着慢慢逼近的爆诞龙，阿马加龙只好硬着头皮，拼命地摇晃着脖子上尖锐的骨棘，发出"喀啦！喀啦！"的响声，并且低下头去左右挥舞着带有尖刺的脖子和长鞭一样的尾巴，想要吓退这些可怕的肉食动物。

爆诞龙们显然被阿马加龙看上去不要命一般

的挣扎吓了一跳，竟然真的把包围圈闪开了一条缝隙，阿马加龙一下子就从这条缝隙中逃了出去。不过，蜥脚类恐龙奔逃的速度毕竟有限，意识到快到嘴边的美食即将逃走的爆诞龙很快追上了阿马加龙，对着它又抓又咬。为首的成年雄性爆诞龙猛地一下子，就把阿马加龙撞得失去了平衡，摔倒在地上。另外两头爆诞龙也紧跟着扑了上来将猎物死死踩住，就等着首领下口之后，它们就可以大摆筵席，好好吃上一顿了。

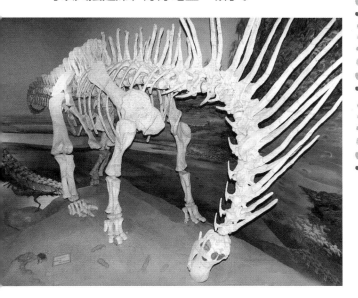

阿马加龙的骨架

可惜爆诞龙的计划终归没有变化快，它们还没来得及享受一下狩猎成功的喜悦，一声凄厉的嚎叫就在身后传了过来。噢！一个爆诞龙也惹不起的家伙出现了——南方巨兽龙。这头曾经在南美大陆上生存过的最大的肉食动物，此时正张开自己长满剃刀一样长牙的大嘴，向这几头爆诞龙逼近。不过，爆诞龙们定睛一看，这头南方巨兽龙才刚刚成年，身长只有 9 米，还远远没有达到它爸爸 13 米的可怕体型，因此它们想着自己"龙多势众"，还是可以争上一争。

南方巨兽龙没想到面前的这几个小角色竟然敢于向自己咆哮示威，想也没想就冲了上去，想要把这些不把威风凛凛的自己放在眼里的家伙打个落花流水。爆诞龙们也松开了脚下的阿马加龙，开始和南方巨兽龙对峙起来。

双方剑拔弩张，气氛异常紧张，看起来马上就要打个你死我活了。这时候，被松开的阿马加龙趁机从地上爬了起来，头也不回地跑掉了。

对峙中的四头肉食恐龙们看在眼里急在心上，但是大敌当前又不敢回头去追，只好眼睁睁看着到手的美餐逃之夭夭。遍体鳞伤的阿马加龙一瘸一拐地逃回了龙群，算是大难不死了。不过，以后它可再也不敢脱离群体独自行动了。

👆 展于墨尔本博物馆的阿马加龙骨架

每期一问

南方巨兽龙一般能长到多少米？

23 恐龙独角兽
——棘鼻青岛龙

扫一扫
听科学家讲科学

·开门见山·

它们是白垩纪时期的"独角兽"，只可惜这漂亮的长角并非为战斗而生，它有别的功能。成群的青岛龙迁徙到这里，把这里视为繁殖的栖息地，让我们一起去看看，当年的它们是如何生存的吧！

·队长开讲· 科学队长 Captain Science

在当时的中国山东莱阳地区，有一望无际的平原，可以看到树木散布在整片平整的土地上，蔚蓝的天空上不时有翼龙掠过。

"哞——哞——"

低沉的声音从远处传来，原来是一大群恐龙过来了，身后尘土飞扬。

这是一群大家伙，它们一般都有十来米长，就像一大队公交车组团开了过来，声势浩荡，气势磅礴。它们有扁扁的嘴巴，看起来有点像鸭子嘴，所以科学家们也管这类恐龙叫"鸭嘴龙"。鸭嘴龙是白垩纪时期非常有代表性的植食性恐龙类群，种类繁多，当时在世界上的许多地方都能找到它们。

不过，这群鸭嘴龙很有特点，它们的头顶

上都长着一根看起来像棍子的东西，如同旗杆一样高高地竖起，就像传说中的独角兽一样。它们就是这一期的主角——棘鼻青岛龙。

☞ 中国古动物馆的青岛龙头颅骨

青岛龙头上的这根棍子，被科学家称为"头冠"，很多种鸭嘴龙的头上都有不同样式的头冠。青岛龙的这根头冠虽然像极了长角，但是却完全没有战斗力，因为里面是空心的。

不过，这个头冠却可以使它们的叫声听起来更洪亮一点。

现在，它们来啦！

它们从遥远的地方迁徙过来，这是它们每年都必须做的功课。就像现在非洲角马迁徙一样，大群的青岛龙跋山涉水来到了这里。当然，也少不了尾随而来的肉食恐龙，比如诸城暴龙。

诸城暴龙的体型要比我们所熟知的雷克斯暴龙小一些，与青岛龙的体型差不多大，它们非常喜欢掉队的青岛龙，伺机猎杀它们。不过，如果几头青岛龙联手，单独行动的诸城暴龙往往就无法顺利地下手啦。

现在，大群的青岛龙聚集在一起，这些捕食者们只能游荡在群体的外围，伺机而动。

青岛龙们聚集到这里，即将开始它们的盛会。这里是它们的繁殖地，它们在这里出生，然后再回到这里，代代相传。

在这个季节，雄性青岛龙的头冠开始变得鲜艳。它们向"姑娘们"炫耀自己的头冠，不停地发出嘹亮的"哞哞"声。

青岛龙还原图

一对，两对，三对……越来越多的青岛龙找到了自己的伴侣。

它们不停走动，四处探察，选择合适的巢址。

一旦选中，它们就开始用自己的前肢刨土，构筑爱巢，挖出一个如同小火山口一样的巢穴。结果，整块平原上被挖满了这样的巢穴，看起来到处都是坑坑洼洼的。

产卵的日子终于到了！

青岛龙妈妈们纷纷开始向自己的巢穴里产蛋，椭球形的蛋排列在巢穴中。这是整个种群的未来，它们会在随后的日子里尽职地守护在这里。

一头青岛龙妈妈趴在巢穴边，一动不动。在孵化的日子里，它不吃不喝，坚守着自己的岗位。趴下来能够减少能量的消耗，使它感觉稍微舒服一点。

二三十天过去了。

那些蛋开始有动静了！蛋里面传出了微弱的叫声。青岛龙妈妈显然注意到了这些变化，孩子们快要出壳了！

青岛龙妈妈开始兴奋起来，闻闻嗅嗅，也不时叫两声，算是对自家孩子的回应吧！

又过了几天。

一个清晨，随着"咔吧"一声轻响，一枚蛋裂开了一个缝；然后，伴随着几声稚嫩的叫声，一张小小的嘴巴将一小块蛋壳片顶了出去，它准备离开曾经的保护壳，去往一个崭新的世界。

青岛龙妈妈一动不动地注视着它，轻声地鼓励着，让它一点点剥落蛋壳，小家伙最终爬了出来。而在其他蛋里面的小家伙，也开始纷纷不甘寂寞地行动了起来，巢穴里不时响起蛋壳裂开的声音。这些小家伙们把头探出了蛋壳，新的旅程即将开始。

夕阳的余晖洒落在这块繁殖地上。这窝青岛龙已经完全孵化了出来！

小青岛龙们生龙活虎，它们到处爬动，偶尔也会掉出巢穴，青岛龙妈妈就不得不把它们叼回去。为了让它们安生一点，青岛龙妈妈衔来了新鲜的嫩枝叶，不仅可以让这些小家伙们填饱肚子，还可以吸引小宝宝们的注意力。

在几天的时间内，几乎所有巢穴的小青岛龙都孵化了出来。它们将在巢穴中长大一些，然后就可以跟随父母一同走动、觅食啦。之后，它们将跟随大部队一同迁徙，等到成年后再回到自己出生的地方进行繁殖，完成生命的循环。

其实，最开始的时候，科学家们也认为青岛龙头上那长得像棍子的头冠有点奇怪，有些科学家甚至认为是在修复化石的时候把一块鼻骨安错了位置！直到后来发现了第二头青岛龙的

头骨，科学家们才确认，它们确实有那样非常显眼的头冠，之前的认识是正确的。

👆 青岛龙骨架

• 每期一问 •

青岛龙的头冠是做什么用的？

24

巨龙家族中的小不点
——欧罗巴龙

扫一扫
听科学家讲科学

开门见山

在恐龙统治地球的中生代，蜥脚类恐龙是陆地上当之无愧的巨无霸。这些长着长脖子的植食性恐龙通常能够长到 20 ~ 30 米的身长，体重往往也能达到数十吨。它们成群结队地在陆地上迁徙、觅食，依靠庞大的身躯甚至不惧怕绝大多数的肉食动物。可是，你们知道吗？在这些巨人的家族中也有身长还不到 10 米的小个子呢！这些巨人家族中的侏儒，就是生活在欧洲的欧罗巴龙。

队长开讲

科学队长
Captain Science

你们知道恐龙家族中个子最大的一类恐龙是什么吗？没错，就是蜥脚类恐龙。因庞大的身躯而出名的蜥脚类恐龙，有能够长到 30 多米的阿根廷龙，有身长 25 米以上的梁龙，还有超龙和波塞冬龙等，它们无一不是走起路来大地都在颤动的巨龙，而属于梁龙家族的易碎双腔龙，更是有着 40 米以上的身长！要知道，10 层的高楼都不到 40 米呢！虽然科学家们还没研究清楚双腔龙的体型，但是根据它的化石，科学家们也能推断出，蜥脚类恐龙家族曾经存在过像双腔龙这么庞大的巨兽。

虽然蜥脚类恐龙动不动就能长到身长二三十米、体重几十吨的可怕体型，但是在这个家族里，还有一些特立独行的小个子，它们就好像巨人家族里面的一个个矮小的侏儒一样。

这一期故事的主角，就是蜥脚类恐龙中的一个小个子，这个小个子恐龙叫作"欧罗巴龙"。它的身长有 6 米左右，体重接近 1 吨，听起来好像很大很大，但实际上它比起其他蜥脚类同胞来说，可真是小得可怜了。

🖐 豪氏欧罗巴龙的生活环境还原图

欧罗巴龙究竟为什么个子这么小呢？科学队长这就带你们回到它的老家，一起去探个究竟。

欧罗巴龙生活的年代，在距离现在大约 1.55 亿年前到 1.5 亿年前的侏罗纪晚期，它们的家乡在现在的德国北部。在欧罗巴龙生活的那个时代，德国还是一片温暖的浅海，我们的小不点就生活在这片海中的某个小岛上。

🖐 欧罗巴龙的骨架

在这片浅海中的小岛上，植物郁郁葱葱地生长着。可别看小岛上这么平静，这里有时候会遭到风暴的肆虐，大量的树木被刮倒在地上并枯死腐烂，在盖上厚厚腐殖质的土地后，成为蕨类和真菌的温床。

今天的小岛特别好看，雾气弥漫在海岸的林间，食草动物们三五成群地寻找带着海腥味的鲜嫩枝叶。翼展只有1米左右的德国翼龙，从十几公里外的大陆飞来，在小岛附近海域找好吃的小鱼、小虾填饱肚子，再带一些回家里喂养自己的幼崽。始祖鸟和美颌龙们也悠闲地游荡在小岛的海岸边，寻找着被海浪冲上岸的贝壳和鱼虾。有几只鸟臀类的植食性恐龙正在海边的树林里觅食。它们摇晃着尾巴和脑袋，仿佛想要把围绕在身边的讨厌的飞虫赶走。

欧罗巴龙就生活在这个仿佛人间仙境的地方，不过它好像此时此刻并没有出现在海边。

远处，大约2公里之外的海面上，有几条长长的脖子露出了水面，朝着岛屿的方向。别误会，它们可不是蛇颈龙，而是欧罗巴龙。在昨晚的大风暴里，这几头欧罗巴龙迷失了方向，被暴涨的潮水困在了大海中。这些欧罗巴龙在海水里挣扎了一晚上，直到早上退潮的时候，才勉强在水面下几十厘米深的地方找到一块礁石站住了脚。

令人担心的鲨鱼没有在附近的海水里出现，但是在侏罗纪时期的海水中，有远远比鲨鱼危险得多的肉食动物在虎视眈眈。

这不，一头身长大约9米的滑齿龙就盯上了这些欧罗巴龙，只不过因为这里的礁石错综复杂，贸然冲进来捕猎很可能被珊瑚礁卡住，这头滑齿龙才没马上扑上去。但是，现在正是低潮，滑齿龙只要耐心地再等待几个小时，等到潮水重新涨起来，这几头小个子欧罗巴龙里面就注定要有一头成为它的美餐了。

滑齿龙的算盘打得很好，不过警惕的欧罗巴龙们也不会傻傻地等着成为敌人的美餐。就在滑齿龙刚刚出现在附近的时候，领头的欧罗巴龙就发现了这个危险的敌人。所幸它们所在的礁石正好是连接两座岛屿之间的陆桥的一部分，滑齿龙没办法冒着搁浅的风险冲上来猎食。

不过，欧罗巴龙们要是想从这里游到2公里外的小岛上面也不容易。这里的水位太高，它们的腿太短够不着海底，只有趁退大潮的时候才能勉强露出水面。但是，被敌人追踪的欧罗巴龙们显然已经等不到下一次退潮了，它们纷纷从礁石上面跳到海里，沿着这条比较浅的通道拼命向刚才的岛屿游去。

发现即将到口的美味快要逃走，心有不甘的滑齿龙也马上追了过去。它心里盘算着，只要等到潮水开始上涨，一顿美餐就十拿九稳地到手了。不过现在，欧罗巴龙们正在海中的陆桥上深一脚浅一脚地跋涉，滑齿龙只能在几米外比较深的水域里游来游去寻找机会。

欧罗巴龙的头骨

潮水不等人，欧罗巴龙们游出去没多久，海浪就渐渐地大了起来。开始涨潮了！作为生活在海里的动物，滑齿龙更是早早地发现了这一点，它甚至已经开始加速游，向陆桥的浅滩上反复冲击，试图冲上陆桥，抢先截断欧罗巴龙们的逃生通道。

潮水越来越高，欧罗巴龙们只能拼命地在水里踢动四肢向前游动。随着潮水涨得越来越高，滑齿龙也越来越近。终于，按捺不住的滑齿龙朝着欧罗巴龙们奋力冲了过去，它巨大的身体冲破海水，重重地拍击在了欧罗巴龙们的旁边，掀起的巨大海浪几乎要把欧罗巴龙们淹没。

可是好景不长，攻击过后的滑齿龙却发现自己没法再次发动攻击，它被陆桥上的浅滩给卡住了！这对欧罗巴龙们来说可是一个天大的好机会，很快它们就游过了最后的几百米路程，在小岛的浅滩上登陆了。

筋疲力尽的欧罗巴龙们爬上了海滩，在不远的地方就是它们急需的美味植物，这些小型蜥脚类恐龙很快就会在这里安顿下来，并且开始繁衍一个新的种群。

据科学家们推测，在几十万年前，可能是由于天敌的追赶，或者走错了路，欧罗巴龙的巨大祖先就像故事里这些大难不死的欧罗巴龙们一样，在海里躲过了一个个危险的肉食动物，拼命挣扎着来到了诸多岛屿中的一个。当它们到达小岛后，却发现这里的食物并不足够让它们像以前一样填饱肚子。于是，随着时间的推移，这些蜥脚类恐龙的食量在这几十万年间变得越来越小，体型也随之变得越来越小，最终演化形成了我们在化石中见到的、身长只有 6 米左右的欧罗巴龙。

欧罗巴龙的体长大约有多少米？

答案在这里：6 米。

25

大块头的渔夫
——棘龙

扫一扫
听科学家讲科学

·开门见山·

在1亿多年前的白垩纪早期，生活着地球历史上体型最庞大的肉食恐龙——棘龙。棘龙有一张狭长的嘴巴，身长比霸王龙还要长，它的背上还长着一个高高的背帆，就像是会动的帆船一样。这种恐龙生活在当时非洲北部温暖而湿润的沼泽林里。尽管棘龙是最大的肉食恐龙，但除了捕捉其他植食性恐龙外，这种大块头的兽脚类恐龙更喜欢当一个渔夫，因为它们最喜欢吃鱼了。下面就和科学队长一起回到白垩纪早期的非洲北部，去看看这个历史上体型最庞大的猎手吧！

☝ 棘龙的还原图

·队长开讲· 科学队长 Captain Science

这里是一片一望无际的海边沼泽，高大的湿地树木在这里旺盛地生长着，四周被清晨的雾气笼罩着。现在正是退潮的时间，一条小小的溪流从沼泽里面穿过。再过几个小时就要涨潮了。涨潮的时候，从海里倒灌的海水就会把小溪变成宽阔的大河。而许多大型的鱼类就会逆流而上，去沼泽地里面寻找食物，棘龙享受豪华大餐的时候也就到啦！

现在的棘龙正趴在溪边的浅滩上，太阳刚刚升起，雾气还没有散去。棘龙让背帆迎向太阳升起的方向，希望能赶快暖和起来。它的背帆里面布满了血管，在太阳的照射下，血液的温度渐渐升高，并从背帆流向身体的各个部位。

要知道，棘龙可不会像我们人类一样，总保持差不多的体温，它只能利用背帆调节自己的体温。这高大的背帆，不仅能让体温升高，还能在温度过高的时候及时散热，使棘龙的体温保持在一个合适的范围内。

棘龙的身长有 14 米，这个长度相当于 5 层楼的高度，因此棘龙也是科学家已经发现的肉食恐龙中体型最大的。在棘龙生活的时代，还有许多大型肉食恐龙，例如鲨齿龙和三角洲奔龙。不过，棘龙是这片土地上体型最大、最强壮的肉食动物，其他掠食者知道这里的主人可不好惹，所以很少进入棘龙的领地。棘龙就像一头生活在白垩纪的大灰熊，舒舒服服地过着自己的日子，从不担心有谁胆敢找它的麻烦。

■ 埃及棘龙
▨ 撒哈拉鲨齿龙
▨ 卡洛琳南方巨兽龙
▨ 霸王龙

埃及棘龙与几种大型肉食恐龙的体型比较

炎热的太阳很快就驱散了雾气，暖和起来的棘龙从浅滩上站起身来，晃晃头甩掉了头上的水。距离上一次饱餐豪勇龙的肉已经过去了一周的时间，棘龙现在已经饿得肚子咕咕响了。虽然它的主食是各种鱼类，但是如果遇到了其他恐龙的尸体，棘龙当然也不会放过这样一顿大餐。棘龙的头和其他肉食恐龙不大一样，它的嘴巴狭长，里面长满了圆锥形的牙齿，这和其他的兽脚类肉食恐龙很不一样。大多数的肉食恐龙嘴巴里面的牙齿像匕首一样，上面还有锋利的锯齿，用来撕扯和切割猎物的肉。而棘龙嘴巴里面这种圆锥形的牙齿显然不适合切割肉类，那它们是用来干什么的呢？原来这是用来咬住它们最喜欢的、滑溜溜的鱼儿们的。

棘龙的头骨

潮水已经渐渐地涨了起来，棘龙站在水位渐渐升高的河里，把嘴巴的尖端探进水里面，眼睛盯着河水里逆流而上的一个个黑影。它的嘴巴微微张开，水从它牙齿的缝隙之间流过。棘龙捕鱼的方式有点像现代的鳄鱼，都是在水中等着鱼儿主动送上门来。捕鱼是一项需要耐心的工作，在1亿年前的白垩纪更是如此。潮水很快就会使河里的水位升高到不能捕食的高度，所以棘龙必须抓紧时间。对于它这样的大型肉食动物来说，只有抓到足够大的鱼才能填饱肚子，水中逆流而上的小鱼并不能引起棘龙的兴趣，它等待的是体型更大的猎物，如腔棘鱼和锯鳐。

我们的大块头渔夫很幸运，没过多久，一个将近3米长的黑影就出现在了它前方不远处的水里。这是一条锯鳐，这种软骨鱼能够长到4米长，跟大货车差不多长，细长的嘴巴上面还长着两排锯齿，看上去就像浑浊的水中潜藏着一只可怕的水怪。不过对于体型更加巨大的棘龙来说，这种水怪没有一点威胁，只是自己餐桌上的一盘小菜罢了。锯鳐在每年的这个时间都会从海中游到淡水河里繁殖后代。这一条锯鳐显然已经做好了繁殖的准备。它的身体健壮有力，为了回到出生地繁殖后代，它已经在身体里储存了充足的能量。而这在棘龙的眼里，无疑是一顿极其丰盛的大餐。

不过想要把这顿大餐吃到肚子里，直接扑

上去是不行的，那样只会把猎物吓跑。想要抓到这条锯鳐，棘龙还需要更多的耐心。它把张开的嘴巴探向锯鳐游动的方向，不发出一点声音，等着锯鳐自己进入它的攻击距离。

对前方的危险一无所知的锯鳐还在向上游慢慢地游动着，就在它细长的嘴巴快要进到棘龙张开的嘴巴里的时候，等候多时的棘龙终于行动了。它 S 形的脖子猛地向前一伸，长达 1.7 米的巨大头部整个扎进了河水里，溅起一片巨大的水花，刚才还在水里悠闲畅游的锯鳐现在已经被叼在了棘龙的嘴里奋力挣扎。棘龙的嘴巴上面有一个凹陷，当上下颌闭合的时候正好将滑溜溜的鱼儿牢牢咬住，再加上它嘴巴里面圆锥形的牙齿像鱼叉一样深深地刺进鱼的身体里，落入它嘴里的锯鳐就彻底别想逃掉了。

捕鱼成功的棘龙死死地咬住还在不断挣扎的锯鳐，转身来到身后的河岸上，三两下就把这条大鱼吞进了肚子里。意犹未尽的棘龙只休息了片刻就又回到了河边，在潮水涨到最高点之前还

有一段时间，它要抓紧时间再去碰碰运气。这一次不知道是哪条大鱼会成为它的盘中餐。

说到这里，你们是不是很好奇，为什么古生物学家们能够确定棘龙曾经把锯鳐当作美餐呢？这是因为在对棘龙的化石进行研究的时候，古生物学家在它的牙床上发现了一片小小的尖刺，这个尖刺恰恰就是锯鳐嘴巴上面的一枚锯齿。

棘龙骨架

不过，虽然科学家们在棘龙的化石上面获得了许多信息，但可惜的是在第二次世界大战的时候，曾经发现过的最完整的棘龙化石在战火中被炸毁了。现在，我们只能通过遗留下来的资料和后来发现的一些零散的棘龙化石，来探索这种曾经在地球上生活过的最大肉食恐龙的奥秘了。

● 每期一问 ●

在这一期的故事中，棘龙吃掉了一条什么鱼？

每期答案：腔棘。

26 白垩纪的林间忍者——赵氏小盗龙

开门见山

如果有人问你们，世界上有会飞的恐龙吗？你们可能会回答——翼龙。但是，从专业的角度讲，翼龙并不是一种恐龙，只是恐龙的远房亲戚。早在2亿多年前，翼龙的祖先和恐龙的祖先就已经分道扬镳了。既然翼龙不算恐龙，那还存在会飞的恐龙吗？让我们带着这个疑问，跟着科学队长一起回到白垩纪早期的中国辽宁去一探究竟吧！

队长开讲　科学队长 Captain Science

在1.2亿年前，中国大部分地方都变干旱了。很多森林没有水分的滋养，大片大片地死去。只有一部分地方还保留着茂密的大森林，这里面就包括我们马上要去的辽宁西部。

赵氏小盗龙还原图

你们看，这片小丘陵附近的动植物们，并没有受到旱灾的影响。在最近这几千万年里，这里基本上都风调雨顺。今天刚下过大雨，空气潮湿。在高大的古银杏林里，低矮一些的植物伸展着身体，拼尽全力争抢从树荫中漏出的阳光。咦，快看，在那一块阴影里，好像有什么小东西晃了一下。原来是我们这一期的主角——一头黑色的赵氏小盗龙！

这是一种个子很小的恐龙。你们看，这头小盗龙比鸡大不了多少。是不是觉得它根本不像恐龙，倒像是一只戴着头饰、背后伸着一条长长尾巴的大乌鸦？不过，这种"大乌鸦"跟真的乌鸦可太不同了。不信？仔细看看它的腿。它的后腿上也长有用来飞翔的飞羽，看起来就好像长了4只翅膀一样！

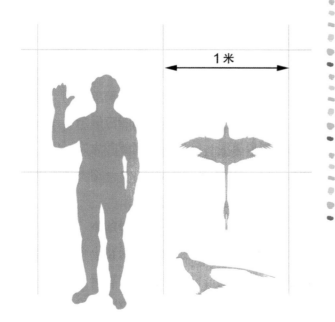

👆 赵氏小盗龙体型与人体比较

这会儿空气潮湿，蜻蜓在低空飞舞。这头赵氏小盗龙正在聚精会神地捕捉这些敏捷的蜻蜓。小盗龙生性活泼好动，每天都要吃掉很多很多食物。它躲在大树阴影里的时候，黑色的身体几乎和环境完全融为一体。每当蜻蜓飞近，它就会轻轻跳起来，张大嘴巴把蜻蜓一口咬住。没过几分钟，这头贪吃的小盗龙就已经吃掉八九只蜻蜓了。

突然，附近好像有什么声音。小盗龙马上停了下来，藏进了一丛蕨草后面，瞪大眼睛机警地看着声音传来的方向。很快，它就看到一头细小矢部龙从树林中钻过来，拼命地跑向自己。细小矢部龙名字虽然叫"龙"，却不是恐龙。这是一种30多厘米长的大蜥蜴，平时只吃虫子，不会招惹体型是自己2倍大的小盗龙。现在它这么拼命地跑，难道在被谁追赶吗？

果然，在细小矢部龙的身后，紧跟着又跑来了两头凶猛的奥氏天宇盗龙。奥氏天宇盗龙体长不到2米，在恐龙世界也只能算小家伙，但对细小矢部龙和赵氏小盗龙这两个更小的家伙来说，奥氏天宇盗龙就像个"大恶霸"了。天宇盗龙步子很大，只用几步就追上了慌张的细小矢部龙，一口咬住了它。小盗龙在蕨丛中吓得目瞪口呆，一动也不敢动。

两头"大恶霸"——奥氏天宇盗龙向四周望了望，没发现什么危险，就开始低头分吃细小矢部龙。小盗龙趁它们不注意，马上偷偷跑向身边的大树。这时，正在享用美餐的天宇盗龙们听到动静，警觉地抬起头，发现了小盗龙。它们马上扔下食物，迈开腿去追小盗龙，心里美滋滋地想着"可以加餐了"。小盗龙跑得可不快，它腿上的羽毛不是蹭到地，就是碰到植物。它尽可能张开前腿，想要减小羽毛的阻力，但是翅膀的力气太小，力气不够。这可怎么办呢？

幸好森林非常茂密。小盗龙很快就爬上了离它最近的一棵古银杏树。别看它在地面上跑得这么狼狈，一到了树上，小盗龙就爬得飞快。奥氏天宇盗龙不够高，等它们赶到树边时，怎么跳都够不到小盗龙了。

这两个"大恶霸"虽然凶猛，却不会爬树。但是它们也有自己的算盘。它们发现赵氏小盗龙根本不会飞，决定在树下等，反正自己在陆地上有吃有喝，等到小盗龙饿得不行了，自然会冒险下来，到那时就有机会吃掉它了。

小盗龙一路向上爬，爬到了一根很高的树枝上。那里没有树荫的遮挡，阳光直射在它的身上，居然散发出了金属一样的特殊光泽，神气极了。这种光泽是它羽毛的特殊结构在光照下形成的。奥氏天宇盗龙在地上注视着它的一举一动，心里想着："等会儿下来，还得变成我们的盘中餐，到时候看你还神气不神气！"

小盗龙可懒得理会天宇盗龙的想法。它轻轻摆了摆头，观察了一下周围的树木。突然伸展四肢，一跃而起。天宇盗龙吓了一跳。咦？这头小盗龙是吓傻了吗？竟然要跳下来？不过，机智的小盗龙并没有一头栽下来。只见它张开四还可以当刹车，尾巴可以做方向盘。它全身基本都是黑色的，但却会在阳光下呈现金属式的光泽，特别好看。

赵氏小盗龙的化石标本

条腿，摆成一个"大"字，像一架纸飞机一样，朝不远处的另一棵树滑翔过去。如果你们仔细观察，还会发现它长长的尾巴，竟然还可以像方向盘一样，精确控制滑翔方向。到另一棵树的时候，只见它从容地把两条腿收了回来，迅速减速，稳稳地停在了树枝上。然后，它又敏捷地往上爬了爬，爬到了更高的树枝上，又滑翔到另一棵树上。天宇盗龙在地上看得目瞪口呆。小盗龙就这样一棵树一棵树地向前滑翔，没几分钟的工夫，就彻底不见了，留下两个已经惊呆了的"大恶霸"。

　　赵氏小盗龙就是这样一种特别擅长爬树和滑翔的小恐龙。它的前肢和后肢都是翅膀，后肢

● 每期一问 ●

赵氏小盗龙能不能直接从地面上起飞？

参考答案：不能。

27

琥珀里的小恐龙
——伊娃

扫一扫
听科学家讲科学

开门见山

2016 年末，在古生物学界发生了一件大事：一个科学家团队在琥珀里发现了恐龙！呃……其实只是一截恐龙的尾巴。当然，并不是霸王龙那种大家伙的尾巴。它属于一个小恐龙，科学家们亲切地管它叫"伊娃"。

 琥珀里伊娃的尾巴和两只古蚂蚁

队长开讲

你们想知道在琥珀里这截小尾巴的主人身上发生的故事吗？这次，科学队长要带你们去的地方不是山东，也不是新疆，而是一个新地方——距今 9 900 万年前的缅甸克钦地区。

就像今天一样，那时候的缅甸同样覆盖着茂密的森林，虽然开花的被子植物已经在这个时期崛起，并且已经非常兴盛，但是南洋杉仍是这片森林的主宰。它们中的大多数已经活了好几百年，它们拥有粗大的树干，高高在上，看起来坚不可摧。但如果你们走近细看的话，就会发现这并不是真相。你们看，岁月在它们身上留下了一道道伤痕，这些伤痕有的是被动物撞到或者摩擦产生的，有些是昆虫啃噬出来的，有些则是自然生长导致的开裂。

这可是很糟糕的事情，因为有了这些伤痕，植物就很可能被细菌、病毒入侵，导致感染，或者被蛀虫当作进入树干的突破口。不过，幸运的是，在长期的自然演化中，这些树木已经学会了一个应对各种伤口的好方法，它们会在伤口附近分泌出黏黏的树脂，把这些伤口堵住。可不要误会了，这种"树脂"与一根根分叉的"树枝"可不一样，这个"脂"是"脂肪"的"脂"，刚流出来的时候，是液体，过段时间就会慢慢凝固，修补伤口。当然，有的时候，这些不断涌出的树脂因为太多而会滴落在地上，于是在地面上形成大大的一块。

这些树脂晶莹剔透，看起来漂亮极了，但它却是小动物们的噩梦。一旦小虫子、小蜘蛛被树脂粘住，就会动弹不得，很难逃走啦。随着树脂越滴越多，这些小虫子、小蜘蛛到最后就会被包裹起来，永远被定格在这一刻，留在晶莹剔透的树脂里，甚至还保持着它们活着时候的模样。不过还好，这些树脂并不会给大个子的动物造成什么影响，最多就是滴到它们头上，让它们觉得毛发油乎乎，被黏得很难受罢了。

👆 琥珀里的昆虫

这时候，树下的植物丛里传来了窸窸窣窣的声音，紧接着，一颗小脑袋冒出来啦。咦？原来是一条小恐龙，它的全长只有 18 厘米多一点，比你们铅笔盒里那把 20 厘米长的尺子还要短一点，是不是特别小呢？它浑身毛茸茸的样子有点像小鸡。假如它到现在还活在这个世界上的话，你们完全可以用两只手把它捧起来，像抚摸鸡宝宝一样抚摸这头小恐龙。

不过与鸡不同的是，这头小恐龙有一条毛茸茸的长尾巴。大家肯定知道，鸡的尾巴只是几根尾羽，并不像小狗那样，属于真正的带有尾椎骨的尾巴。这头小恐龙的尾巴里面，也跟小狗一样长着尾椎骨。不过，这条尾巴的手感可能和小狗的尾巴不太一样。因为小恐龙的尾巴上是羽毛，摸起来可能会比较硬，而小狗的尾巴上长满了柔顺的细毛。

这头小恐龙有个好听的名字——伊娃。伊娃还很年轻，再过一些时间，也许它能长得更大一点。它属于手盗龙类，有细长的前肢和手掌，每个手掌上有 3 根指头，上面的利爪也许能够帮它爬上高高的树木。

不过，现在它可不想爬树。就在刚才，它看到一只反鸟——就是那种长着牙齿、翅膀上有爪子的古鸟——一下子被南洋杉树上的树脂粘住翅膀了。那只反鸟不停挣扎，也没有办法脱身。当然，这只古鸟本身也很小，大概只有成人的一节拇指大小，所以它完全无法挣脱树脂的束缚，只能在那里等死。伊娃心里想："要是我爬树说不定会遇到同样的事情呢。"虽然伊娃相信自己的力气可以挣脱树脂的束缚，但羽毛被粘住还是很麻

根据琥珀还原的手盗龙类恐龙

反鸟被树胶粘住

烦的，它才不要去尝试呢。

"对于这种滴树脂的植物，可要能躲就躲。"伊娃心里想道。

伊娃这走走那看看，看起来相当悠闲。不知不觉，它来到了林中的一条小溪边。

咦？草上有一只闪闪发亮的小甲虫！太棒了！这可是伊娃最喜欢的食物！它"吧唧"一口就把小虫叼住了，然后囫囵吞下，意犹未尽，美味极了。

很快，伊娃又发现了一只甲虫。看来，这里可口的食物还真不少，终于可以大吃一顿了！

于是，这个小不点伊娃，开始非常专注地找起食物来了。

淅淅沥沥，天空开始有雨点落下。雨林的天气就是这样，说下雨就下雨，但是一般一会儿就过去了，所以伊娃并没有在意。

"哗啦啦，哗啦啦"，雨意外地下大了。雨点打湿了伊娃的羽毛，让它感觉冷飕飕的。

伊娃赶紧找了一片大叶子，躲在了下面，雨林里到处都是这样的叶子雨伞。

雨还在下着。

忽然，从上面涌下来一股水流，伊娃旁边的小溪一下子比之前宽了几乎一倍！这样的溪流对一个成年人来讲算不得什么，但对小小的伊娃来说，就像是一条大河了。

水流正好冲到了伊娃躲藏的地方，它被卷进了水里！

伊娃奋力挣扎，但却无济于事。

渐渐地，雨停了，溪流恢复了平静，又变

回了原来的样子，但是，伊娃却再也没能从溪水中爬起来。

伊娃的尸体被溪水冲到了一棵南洋杉下。两只正在侦查的古蚂蚁发现了伊娃，在它的尾巴周围爬来爬去。对古蚂蚁来说，伊娃就是一座肉山，一个资源宝库。发现了这么大的宝库，古蚂蚁们当然非常兴奋，准备立即返回巢穴报告这个好消息。

忽然，"吧嗒"一声，一团树脂滚落了下来，粘住了蚂蚁。接着又是几滴，滴在了伊娃的小尾巴上。滴落下来的树脂不多，只是裹住了伊娃的尾巴，没有包裹住它整个身体。

沧海桑田，地质变迁。新的植物群落取代了当年古老的森林。但是，一些树脂和它们包裹住的东西却变成了琥珀，保存到了今天。这些琥珀被矿工们从地底挖了出来，其中就包括伊娃那一小截尾巴，还有那只小小反鸟的翅膀。2016年，科学家们对它们进行了描述，并且公之于众，在整个科学界引起了巨大轰动。

就这样，透过这一小截恐龙尾巴，我们终于第一次看到了恐龙局部的真实样貌。

· 每期一问 ·

伊娃有毛茸茸的尾巴吗？

28

身披装甲的包头龙

扫一扫
听科学家讲科学

·开门见山·

当你们看到身上长满鳞片的穿山甲和长着坚硬甲壳的犰狳的时候，你们能想到早在1亿多年前的中生代，也有一些同样依靠鳞甲和甲壳来保护自己的动物吗？没错，这些动物就是甲龙类恐龙啦！

队长开讲 科学队长 Captain Science

我们熟悉的甲龙类恐龙最早出现在侏罗纪晚期，而甲龙们发展的繁盛时期则是在白垩纪晚期。像著名的甲龙、绘龙等都是在这一时期出现的甲龙类恐龙。甲龙们属于一个大家族，这个家族的名字叫作"装甲亚目"，是不是听

起来就像装甲车一样威武呢？从生活在侏罗纪早期的腿龙开始，这一家族里面出现了许多非常有特点的恐龙，大名鼎鼎的剑龙就属于这个大家族，它们可以算得上是甲龙们的远亲呢。下面科学队长要给你们讲的故事的主角，也是甲龙类恐龙中的一员，它的名字叫作"包头龙"。

👆 包头龙的还原图

这个包头龙可不是指在包头市发现的恐龙。在这里，"包头龙"顾名思义，就是包着脑袋的

恐龙。那么它为什么要包着脑袋呢？它又是用什么来包裹自己的脑袋的呢？原来包头龙的脑袋是被坚固而完备的装甲包裹起来的，就像戴着一顶头盔。你们猜猜，它为什么要把脑袋包起来呢？没错，当然是为了防御来自肉食动物们的攻击啦。

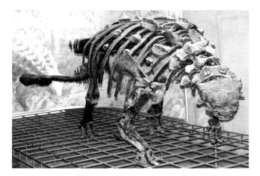

☞ 包头龙的骨架

包头龙头上和身上的装甲其实是一种皮内成骨，这些皮内成骨包括许多坚固的硬块和甲片，它们排列在包头龙的背上，将包头龙的整个背部覆盖起来，不给掠食者留下一丝可乘之机。你们想想，普通的枪炮是不是也没有办法攻击坦克呢？恐龙里的坦克——甲龙类的装甲质地坚韧，能够有效地抵御肉食恐龙的牙齿和利爪的攻击。当肉食恐龙想要找它们麻烦的时候，包头龙只要蹲伏在地上保护好柔软的肚皮就可以了。当然，肉食恐龙们可能会觉得包头龙的眼睛十分脆弱，是它的致命弱点，那它们可太小看包头龙了。包头龙可是连眼皮上面都长着装甲板的！当然，包头龙不仅仅只有坚固的防御，在它身后拖着的尾巴上，还有用来主动攻击的武器——一把威力十足的战锤。包头龙尾巴上的这把大锤子是由两块大块的骨质瘤块组成的，它们固定在尾椎骨上面，与最末尾的几节尾椎骨愈合在一起形成了一个沉重的锤头。这个锤头在尾巴上强壮的肌肉驱动下能够以强大的力量挥舞，就像流星锤一样，如果砸到了肉食恐龙的身上，很有可能一下子就会打断它们的腿骨，让它们再也爬不起来，也就没办法吃包头龙了。

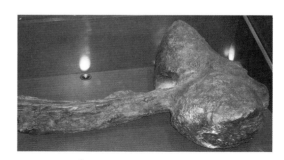

☞ 包头龙的尾锤化石

有了这么多的装备，包头龙就可以悠闲自在地在河边和灌木丛里面寻找自己喜欢的各种食物了。在 7 000 多万年前的白垩纪晚期，北美洲的加拿大是各种恐龙的乐园。在清凉的河水边，平原上生长着茂盛的灌木，数不清的角龙类和鸭嘴龙类恐龙生活在这里。而危险的肉食恐龙——惧龙和蛇发女怪龙，则潜行在高大的杉树和其他针叶树林的阴影里面，随时准备着将麻痹大意的植食性恐龙变成自己的盘中美餐。

包头龙也生活在这里。在清晨的薄雾中，一头年长的包头龙正带着一头年轻的包头龙在河边的灌木丛里寻找食物。包头龙的牙齿比较脆弱，因此它们更喜欢吃一些柔软多汁的食物，而不是针叶树坚硬无比的叶子。好在包头龙有一个好鼻子，它们的嗅觉十分灵敏，能够闻到藏在松软的土壤下面的块茎的味道，一旦发现了地面下的食物，就把它挖掘出来吃掉。所以这些矮矮胖胖的、像坦克一样的植食性恐龙就像现在的野猪一样，经常用鼻子在地面上嗅来嗅去，寻找好吃的植物根茎。对于经验丰富的年长包头龙来说，寻找食物是小菜一碟，不过年轻的包头龙由于经验不足，整整一个早晨也没有找到足够填饱肚子的食物。经验丰富的年长的包头龙不仅可以给小龙提供安全保护，还能教它们寻找食物的诀窍，所以小不点们总爱跟着年长龙。

就在这两头包头龙在河边慢悠悠地挖掘块茎的时候，不远处河边的副栉龙群里面爆发了一阵骚动。一头可怕的惧龙冲进了尖角龙群，把目标锁定在了一头年幼的尖角龙身上。不巧的是，这头小尖角龙慌忙中冲着两头包头龙直直地跑了过来。还没等视力不好的包头龙们做出反应，小尖角龙已经从两头包头龙中间穿了过去，一头扎进了灌木丛里。

惧龙紧跟着冲了过来，不过它可要比小尖角龙显眼多了。两头包头龙见到它，立刻将身子伏在地上，低低地吼叫着，摇晃着尾巴做出一副防御的姿态来。跟过来的惧龙眼见猎物逃进了灌木丛，也想追过去，可惜被两条威力十足的尾巴给拦住了去路。

👆 惧龙的骨架

惧龙怒吼着想要让两头包头龙让开，不过这丝毫没有奏效。可能是因为没有吃饱的原因，年轻的包头龙看上去一肚子火气。它不仅没有让开路，反而吼叫着用尾巴上的大锤勇敢地迎向了惧龙可怕的大嘴。

说时迟那时快，惧龙的嘴巴还没咬到包头龙相对脆弱的尾巴，尾巴尖上那可怕的大锤子就狠狠地敲在了惧龙来不及躲开的嘴巴上。这下可好，威力十足的一锤差一点打碎了惧龙的脑袋，它嘴巴里的牙齿也被打掉了一大半，倒霉的惧龙这下子可以说真是"赔了夫人又折兵"了。

知道自己不是两头包头龙的对手，郁闷的惧龙只好扭头讪讪地离开了。这个倒霉的家伙可能要等上好些天才能够长出新的合适的牙齿，在此之前可能要饿肚子了。

骚动过去之后不一会儿，灌木丛里面刚刚那头惊魂未定的小尖角龙又露出了小小的脑袋，好奇地看着两只继续寻找食物的包头龙，生活又恢复了平静。

1.8米

6米

👆 包头龙体型与人体比较

● 每期一问 ●

身披装甲的包头龙喜欢吃什么样的植物？

参考答案：包头龙喜欢吃低矮多汁水的植物。

29 威武的骨板——剑龙

扫一扫
听科学家讲科学

开门见山

说起剑龙，你们会想到什么呢？是不是会想起它们背上那两排威武而又夸张的骨板？剑龙可以说是知名度最高的恐龙之一，几乎只要是有恐龙出场的电影或图书里都能看到它们的身影。剑龙身材高大，虽然在恐龙家族里面算不上顶级的庞然大物，但是长达9米的身长和4米的身高都让它看上去非常威武。试想一下，如果在你们家门口的街道上有两头剑龙正在悠闲地漫步，那景象就好像是两辆公交车在慢慢地前行呢。

剑龙的骨架

队长开讲

剑龙是一种鸟臀类恐龙，它来自一个非常有名的家族——装甲亚目。这一类恐龙从侏罗纪早期一直延续到白垩纪晚期恐龙时代结束。除了剑龙，各种各样的甲龙等许多身披盔甲的恐龙都属于这个家族。我们的剑龙属于其中的剑龙科，在侏罗纪时期，它们的脚步几乎遍布北半球的所有陆地，在非洲也有剑龙类的骨骼化石被发现。

我们都知道，剑龙的背上竖直地交错排列着两排剑板，不过，在剑龙的化石刚刚被发现的时候，古生物学家们曾经认为这些剑板是像瓦片一样覆盖在它的背上的，因此给剑龙取了一个"屋顶蜥蜴"的学名。除了背上的剑板，剑龙的尾巴上面还有两对锋利的长刺，根据已经发现的化石可以推测，这两对长刺正是剑龙赖以御敌的重要武器。目前已经发现了被这些长刺刺伤的异特龙的骨骼化石了。

早期错误的剑龙还原图

虽然剑龙看上去十分高大，可是在它生活的时代，地球上还生活着很多身材更加庞大的动物，比如和剑龙们一同住在平原上的腕龙和梁龙。而另一些植食性恐龙则要小得多，如喜欢与剑龙一同行动的弯龙，还有行动敏捷的橡树龙。有的小型翼龙，如蛙嘴龙，也会偶尔与这些装甲巨兽同行，捕捉它们身边飞来飞去的烦人的昆虫。这一期的故事就开始在这样一个热热闹闹的平原上。

时间正值雨季，不仅植物生长得异常旺盛，恐龙们也迎来了一年一度的繁殖期。在下午明亮的阳光中，几头剑龙正和它们的邻居弯龙一起，在一小片茂盛的蕨类植物附近挑选着那些最鲜嫩的嫩芽来填饱肚子。剑龙的嘴巴很小，它的嘴里面长着形状像树叶一样的牙齿。不过与其他鸟

剑龙的牙齿形状

臀类恐龙不同的是，剑龙的牙齿没办法磨碎食物，而它们的颌骨也不能水平运动，所以在吃东西的时候只能把植物的嫩芽扯下来吞进肚子，然后再吞下一些小石子来帮助肠胃将食物磨碎消化掉。

在龙群的中间有一头正值壮年的雄性剑龙，它正在来回踱步子，向雌性恐龙们展示它强壮的身躯和背上发达的剑板。剑龙背上的剑板内部是骨质的，而外部则包裹着角质层，骨板的内部充满了大量的血管，在血液从这里流过的时候也能够起到调节体温的作用。而在发情期，雄性剑龙的剑板也成了向雌性展示自己的工具。在雄性激素的作用下，这头剑龙背上的剑板显得特别鲜艳。而这显然也吸引了周围雌性剑龙的目光，两头雌性剑龙正向着这头雄性慢慢靠近，不住地打量着它背上漂亮的剑板。

眼看雄性剑龙就要抱得美人归，突然，在剑龙附近觅食的弯龙们好像发现了什么东西，纷纷警觉地用两条后腿站立起来，四下张望，寻找着可能出现的兽脚类恐龙。紧接着，苏铁树丛"哗啦啦"地响了起来，一头嗜鸟龙从树丛中窜了出来，猛地抓住了一头飞舞的蛙嘴龙，然后一溜烟消失在了茂密的植物中。嗜鸟龙是一种小型的兽脚类恐龙，它们身长 2 米左右，以各种容易捕获的小动物为食，不过它对剑龙和弯龙这样比较大的植食性恐龙来说则毫无威胁。

看上去只是一场虚惊，但还没等弯龙们放松警惕，负责放哨的成年弯龙就惊恐地大叫起来，向其他恐龙们发出危险来临的信号。原来，真正的敌人出现了。

在这个剑龙和弯龙组成的龙群中，往往是由视觉和嗅觉都很灵敏的弯龙负责站岗放哨，每当有危险出现的时候，它们都会率先发现敌人，并且用最快的速度逃到安全的地方。而剑龙们因为行动比较缓慢，则成了掩护弯龙撤退的"防御部队"。就像现在，一大一小两头异特龙从藏身的阴影中跳了出来，而弯龙们已经开始逃进比较茂密的树林了。

展于丹佛自然历史博物馆的剑龙和异特龙骨架

面对两头危险的异特龙，剑龙们当然不会傻傻地站在原地，赶紧逃命才要紧！但是剑龙缓慢的速度显然逃不脱异特龙的追杀，它们只好摇晃着背上的剑板，扭转身体用侧面对着渐渐逼近的危险敌人。刚才的雄性剑龙这时候似乎被连续不断的变故激怒了，它低声吼叫着迎向两头异特龙，背上的剑板由于充血而变成了触目惊心的红色，尾巴上锋利的尖刺随着尾巴不断挥舞而发出了吓人的风声。

年长的异特龙知道剑龙的厉害，并没有贸然冲上去攻击。而年轻的那头异特龙好像并不知道天高地厚，它张开嘴发出威胁的吼叫，然后对着雄性剑龙似乎毫无防备的脖子猛地扑了上去。

结果可想而知。雄性剑龙灵活的尾巴狠狠地冲着异特龙扫了过去，锋利的尖刺深深地扎进了异特龙的大腿，而强大的冲击力把这头冒失的异特龙狠狠地撞倒在地，它在地上滚了两圈才哀叫着站了起来。

剑龙锋利的尾刺穿透了异特龙的肌肉和皮肤，在它的腰椎上留下了一个深深的伤口。好在这个伤口并不致命，冒失的年轻异特龙一瘸一拐地跟着年长的前辈走掉了。在接下来的几个月里，它可能都要依靠长辈吃剩的残羹冷炙来填饱肚子，直到完全康复之后才能再次出去捕猎了。

危险似乎过去了，弯龙们又回到了这片丰美的植物中间。而成年的雄性剑龙又开始摇晃着背上鲜艳的剑板吸引来自己的"意中龙"，在打退了异特龙的攻击之后，被它吸引的雌性剑龙似乎更多了。

● 每期一问 ●

故事中把植食性恐龙们吓了一跳的小型兽脚类恐龙是谁？

30

霸王龙的死对头
——三角龙

扫一扫
听科学家讲科学

开门见山

　　说起恐龙，你们可能第一个就会想起凶猛的霸王龙。那你们知道谁是霸王龙的死对头吗？没错，就是三角龙啦！三角龙可以说是人们最为熟知的恐龙之一，身长 7～9 米，体重 6～12 吨，属于角龙科中的开角龙亚科。这一类恐龙是角龙科中两大类恐龙之一。三角龙头上长着三只锋利的长角，还有一个像盾牌一样的颈盾，这种矛与盾的组合让三角龙成了白垩纪晚期武器最齐全也最威武的恐龙！

队长开讲

　　你们知道三角龙头上的那三只锋利的长角是用来干什么的吗？没错！是用来攻击敌人的武器。那它头上的颈盾到底是用来防御的盾牌，还是用来吸引同类的展示品呢？

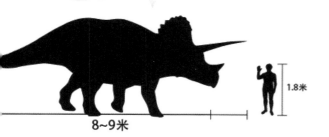

1.8米

8~9米

☞ 三角龙体型与人体比较

手，拥有一面坚固的盾牌可能要比一个虚张声势的展示品更加实用，毕竟空心的颈盾可能一下子就被霸王龙给咬碎了。

其实，只要对比一下角龙家族中其他成员的头骨就可以看到，在这一类恐龙之中很多成员的颈盾都很长，并且带有中空的孔洞，这样可以使颈盾看上去更大也更加威风；而另一类成员则有着较短的实心颈盾。三角龙的颈盾就属于比较短的实心颈盾，比起用来炫耀的"招牌"，三角龙的颈盾更像是一面保护脖子的盾牌。我们不难想象，面对着霸王龙那样可怕的对

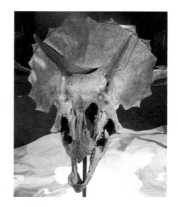

☞ 三角龙的头骨正面图

下面科学队长就带着大家一起回到 6 500 万年前恐龙王朝最后也是最辉煌的时代，去看一看生活在那里的三角龙们，究竟是怎么使用头上的"盾牌"的。

☞ 三角龙的还原图

三角龙生活在距离现在 6 800~6 500 万年前白垩纪晚期的北美洲，它们是中生代里最后出现的一批恐龙之一，这些恐龙一直生存到了恐龙

时代结束。在三角龙群们漫步在北美洲平原上的时候，开花植物已经在各种苏铁和棕榈树之间旺盛地生长起来了。不过比起花朵来，三角龙们更喜欢咀嚼那些棕榈和苏铁的叶子，它们用强壮的身躯将不高的小树推倒在地，用树冠上的叶子来大饱口福。

👆 三角龙的牙齿

在三角龙群的外围，几头达科塔盗龙正在树木的阴影里面潜伏着，想要找机会在三角龙群里占点便宜，看看有没有机会合力捕捉一头离群的三角龙来填饱自己的肚子。这些身长 5 ~ 6 米的大型驰龙类恐龙长着令人生畏的镰刀一样的大爪子，只要它们找到机会，就能够利用团队协作的力量去捕捉一头比自己大上好几倍的猎物。

这些猎手们已经盯上了一头猎物，那就是刚刚跑到群体外面的一头年轻的雄性三角龙。这头三角龙刚刚成年，虽然还没达到挑战雄性首领的年纪，但是旺盛的荷尔蒙也使它感到躁动不安。在体内激素的作用下，这头年轻的三角龙的颈盾显现出了比它小的时候更加鲜艳的花纹。它一边摇晃着头上的长角，一边用前腿和脑袋把一株不高的棕榈树整个推倒在地。就像是准备打架的野牛一样，它肆无忌惮地破坏着周围的灌木，用树干和树桩把自己的角打磨得更加锋利。

不过，即使有一身的力气也不能阻止这头三角龙被达科塔盗龙们列在菜单上。在那些猎手眼里，一身蛮力的年轻三角龙要比经验丰富的成年三角龙和老年三角龙容易对付得多。眼看年轻的三角龙离大部队越来越远，达科塔盗龙们的狩猎活动也悄然展开了。

随着一声凄厉的嚎叫，达科塔盗龙们从藏身的树丛里面窜了出来，它们快速地奔跑，将那头年轻的三角龙与惊慌失措的三角龙群分隔开来。刚刚还在耀武扬威的年轻三角龙立刻就发现自己已经陷入了包围圈，它只好向着灌木丛的深处逃跑，不过在那里也早已经有两头达科塔盗龙在埋伏着，看上去就在片刻之间，年轻的三角龙已经陷入了绝境，无处逃生。

达科塔盗龙们嘶吼着，用驰龙类特有的镰刀一样的爪子敲击着地面，发出"嗒嗒"的响声。猎手们把这头三角龙团团围住，并且不断地缩小包围圈的规模。被围在中间的三角龙显得惊慌失措，它仗着锋利的长角在盗龙们中间左冲右突，想要冲出盗龙们的包围。不过，达科塔盗龙们显然早已经有所准备，每次三角龙向一个方向冲击的时候，总会有另外两头盗龙向它扑过去，用锋利的大爪刺向三角龙的脖子。多亏了厚实的颈盾，三角龙才躲过了好几次致命的攻击。尽管盗龙们的爪子无比锋利，但是也只能在它头盾上划出几道伤口，并不能刺穿颈盾上实心的骨骼。

年轻的三角龙使尽浑身解数也没法从达科塔盗龙们的包围圈里冲出。

可是，即便是经验丰富的猎手，也总会遇到无法预料的情况。在达科塔盗龙们全神贯注地缩小包围圈的时候，却没有发现它们也把一头趴在灌木丛里面睡大觉的甲龙围了起来。猎手们的吼叫惊动了熟睡的甲龙，就在所有恐龙都没反应过来的时候，伴随着甲龙愤怒的叫声，从灌木丛里猛地甩出了一条带有一个大骨锤的尾巴。这个大骨锤险些砸到为首的达科塔盗龙的脑袋上，把达科塔盗龙们吓了一大跳。

趁着盗龙们愣神的工夫，年轻的三角龙奋力挣脱了正咬住它尾巴的一头达科塔盗龙，从包围圈里冲了出去。不远处就是三角龙群，只要它回到伙伴们身边就彻底安全了。而这个时候，甲龙正对着达科塔盗龙们挥舞着尾巴，以此来表达自己的美梦被吵醒的不满，因为全身都有坚固的盔甲，达科塔盗龙们一时也没办法拿这头甲龙怎么样。眼看着三角龙逃回了龙群里面，达科塔盗龙们只好自认倒霉，去寻找其他的猎物了。

☞ 三角龙的骨架

年轻的三角龙带着一身的伤痛回到了群体中，大难不死的它这次得到了一个惨重的教训：即使拥有再锋利的长角，离开了群体还是脆弱得不堪一击。

· 每期一问 ·

　　根据科学家的推测，三角龙的颈盾除了用于炫耀外，还有什么功能？

31

爱炫耀的尾羽龙

扫一扫
听科学家讲科学

● 开门见山 ●

有一种恐龙，它体型不大，但却非常重要。它的发现使我们深刻地认识到了鸟和恐龙之间的关系，而它尾巴尖上那一丛长羽毛也特别引人注意。它会怎样利用自己的尾羽呢？在白垩纪早期，它们又是如何生存的呢？

● 队长开讲 ●

科学队长
Captain Science

在 1.24 亿年前的白垩纪时代，我国的东北还没有今天这么寒冷，那里有郁郁葱葱的树木，长得非常茂盛。

就在高大树林之间低矮的灌木丛中，走出来了一只鸡……哦，不，是一个很像鸡的家伙。它看起来就像火鸡那么大，不过，你们可别被它的外貌给骗了，它可是一头恐龙，那个时候，还没有鸡这种生物呢。

这头小恐龙有长长的脖子，它的后脑勺和后颈，连着长了一片像马儿的鬃毛一样的羽毛。不仅这样，它的前腿上也长满了羽毛，看起来就像鸟的翅膀一样。不过，这个所谓的"翅膀"上面还长着爪子，但还不能用来飞翔。它的后腿修长，脚上内侧的那根脚趾向上翘起，这说明它和恐爪龙类恐龙有着紧密的亲缘关系。在它尾巴的末端，还长着一丛长长的尾羽，就像公鸡的漂亮尾巴。这就是我们这一期的主角——尾羽龙。这丛你们觉得有点怪异的尾巴上的羽毛，就是它的标志。

尾羽龙还原图

我们来静静地观察一下它吧！这时候，它正伸长了脖子，后颈上的羽毛竖起，同时发出了非常短促的"叽叽喳喳"声。它带着羽毛的前腿张开，长长的尾巴翘起，尾巴上的尾羽完全张开，就好像有把小扇子装在了尾巴上一样。不过，它的神情非常紧张，对面的植物丛里，可能藏着什么可怕的东西。嘘，我们小心一点，看看到底是谁藏在那里吧！

树林里弥漫着紧张的气氛，周围只剩下昆虫鸣叫的声音。

又等了一会，前面的植物丛忽然动了起来。

一颗尾羽龙的小脑袋钻出来了。原来，是两头雄性的尾羽龙在争夺地盘啊！这两头尾羽龙长得很像，都身披着华丽的羽毛，尾巴上举着一把怪异的尾扇，只是新出现的这头尾羽龙看起来似乎更年轻一些，浑身的羽毛更鲜艳一些。这两头尾羽龙面对面，用几乎相同的姿势彼此对峙着，叽叽喳喳地叫个不停，好像在互相叫骂，形势剑拔弩张。

后来者，也就是那头年轻的尾羽龙是挑战者，它首先发起挑战，向前猛地一跳，一下子靠近了年长的尾羽龙；年长的尾羽龙被逼得只能向后跳跃，以保持安全距离。

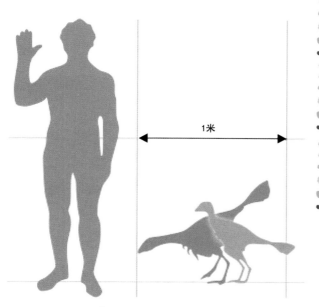

1米

尾羽龙体型与人体比较

不过，年长的尾羽龙也不甘示弱，它也马上向前一跳，于是年轻的尾羽龙也不得不后退。就这样，它们你来我往，你退我进地来回跳跃，看起来就像是在跳一组滑稽的双人舞。可别觉得好笑，这可是尾羽龙之间的一种仪式化的争斗。虽然这种斗争方式不会拼到鲜血淋漓、你死我活，但是只有身体最强壮的那头恐龙，才能坚持到最后，获得胜利。

果然，年长的尾羽龙渐渐体力不支了。它累得要跳不动了，以至于每一轮对抗后，它都会往后退一点。终于，体力不支的年长尾羽龙放弃了，它转身开始逃跑。年轻的尾羽龙立即开始追逐、驱赶它，直到把年长尾羽龙逼出这块原本属于它的领地。

年老的尾羽龙失去了领地，从此不得不开始流浪，直到战胜一头新的尾羽龙，才能获得下一块领地。

把原来的领主赶走了，年轻的尾羽龙特别

兴奋，它在领地里快速地穿行、奔跑着，叽叽喳喳地鸣叫着，宣示着自己对这片领地的所有权。

但是，没过多久，它突然停了下来，森林里没了它叽叽喳喳的叫声，也突然安静了下来。

警惕的尾羽龙察觉到，附近有什么东西过来了！

它迅速冷静了下来。在这危机四伏的丛林里，单独行动可不是一件轻松的事情。它意识到自己刚才有点兴奋得过头了。它那张开的尾羽慢慢合拢，收缩成了一撮，连带着尾巴，慢慢地垂了下来。张开的尾扇不仅会阻碍它逃跑，还会暴露目标。

伴随着巨大的脚步声，树木的枝叶哗啦啦地响动着，看来是个大家伙！尾羽龙赶紧躲在树丛后面。

一颗大脑袋从高大的树冠里伸了出来。天啊！那家伙有 9 米长，是这片丛林的顶级掠食者——一头长着羽毛的暴龙，华丽羽暴龙！要是被它盯上，那岂不是完蛋了？尾羽龙紧张极了，躲在树丛后面一声也不敢吭。

还好还好，这个大家伙不知道是没有发现尾羽龙，还是觉得火鸡般大小的尾羽龙不够塞牙缝，看了一眼就走了。尾羽龙躲过了这一劫，真是太幸运啦！

慢慢地，脚步声越来越小，羽暴龙走远啦，森林又恢复了喧闹。

尾羽龙似乎也忘记了刚才的紧张，又开始卖力地鸣叫了起来。毕竟，叫声还能吸引尾羽龙"姑娘"呢。

果然，尾羽龙的辛苦没有白费。一头看起来和它差不多大的恐龙出现啦！

咦？为什么这头恐龙看起来这么土？它长

（图）邹氏尾羽龙还原图

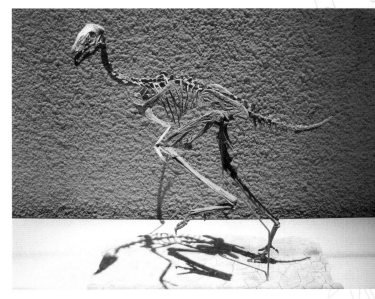

（图）邹氏尾羽龙的骨架

着土黄色的羽毛，土黄色的身子，看起来好平凡的样子……

可是年轻的雄性羽尾龙却兴奋起来了！原来，这头土黄色的小恐龙，是一头雌性的尾羽龙。因为雌性不需要炫耀和展示，而土黄的体色能让它们更容易融入周围的环境，起到隐蔽的作用。

看到可爱的"姑娘"，雄性尾羽龙收起来的漂亮尾羽又迫不及待地舒展开来。它一边叽叽喳喳地鸣叫着，一边张开双臂，还抖动着自己扇子一样的尾羽，在"姑娘"面前来回踱步，卖力地炫耀着、哆嗦着。这可是尾羽龙求爱的舞步，意思是说："你们看，我的身体多么强壮！我的尾巴多么漂亮！"

看到这头年轻的尾羽龙这么卖力，尾羽龙"姑娘"被打动了。于是，它慢慢靠近年轻的尾羽龙，和它一起发出欢快的喳喳声。就这样，一个新的家庭组建起来了！

尾羽龙是科学家们在比较早的时候发现的带羽毛的恐龙。它的发现，加深了我们对鸟和恐龙之间亲缘关系的认识。根据化石证据推断，科学家们相信，有很多鸟类的行为特征在恐龙身上已经存在。

每期一问

尾羽龙尾巴上的那一大丛羽毛有什么作用呢？

⊙尾羽龙化石标本

参考答案：炫耀和警告，以及引诱。

32 鹦鹉嘴龙的幼儿园

扫一扫
听科学家讲科学

鹦鹉嘴龙还原图

开门见山

有一种恐龙，嘴长得像鹦鹉嘴巴，所以科学家们给它起名叫"鹦鹉嘴龙"。你们猜猜，它们能用这张特别的嘴巴做哪些事呢？让科学队长带大家坐上时光机，回到1亿多年前的白垩纪早期，一起去探索吧！

队长开讲

科学队长
Captain Science

在1亿多年前的白垩纪早期，我国辽宁西部地区的火山活动还非常活跃，山间也覆盖着茂密的森林，湖泊星罗棋布。这个空气清新的仙境，就是一群鹦鹉嘴龙的家。

快看，森林里来了一群恐龙，它们就是鹦鹉嘴龙。这群鹦鹉嘴龙里大约有几十头是已经成年的恐龙，每头成年恐龙的身体长度大约1米，跟一张书桌差不多长。不过，在这个1米多里面一大部分都是尾巴的长度，所以它们的身子可能比你们想象的还要小一点，可能更像一只比较大的狗。不过，它们通常并不像狗一样四脚着地，而是像鸵鸟一样两条腿直立着走路，看起来特别神气。当然，如果你们仔细观察，会发现它们还有一张显眼的鹦鹉嘴巴，所以才叫"鹦鹉嘴龙"嘛。

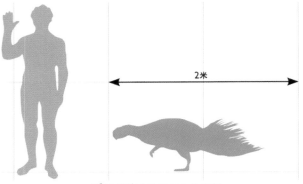

鹦鹉嘴龙体型与人体比较

2米

你们看，这群鹦鹉嘴龙里最强壮的那头雄性恐龙，就是群体的首领。它的身体覆盖着鳞片，但是尾巴中间却长着一排硬硬的长毛，就像马儿脖子后面的鬃毛。这可是雄性特有的装扮。有了这头鬃毛，它也就变得更加威武、俊朗，对"姑娘们"也更加有吸引力了。就这样，这群鹦鹉嘴龙就像羊群一样，跟着头领缓缓前进，一边走，一边懒洋洋地吃着身边的植物。

鹦鹉嘴龙的那像鹦鹉的小尖嘴非常锋利，就像镰刀一样，能够轻易将植物啃咬下来。不过，它们的牙齿却不能把食物嚼得很碎。那可怎么办呢？

别担心，它们自有办法！

你们瞧，一头鹦鹉嘴龙正叼起一块小石头，往肚子里吞呢！

它们吞下石子，利用石子把胃里的食物磨得更碎。时间一长，肚子里的石头都会被磨得既圆滚又光滑，科学家们管这些石子叫"胃石"。鹦鹉嘴龙的胃非常强健，可以禁得住石头和食物的翻滚。现代鸟类还有着类似的功能，比如口感脆脆的鸡胗，就是小鸡用来放小石头、磨碎食物的胃了。不过，千万不要学它们吞石子，我们人类

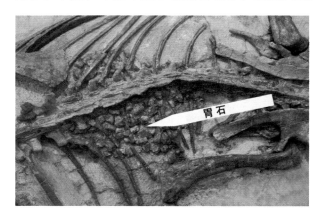

胃石

鹦鹉嘴龙化石里发现的胃石

已经没有这个能力了，尖锐的石子会伤害我们脆弱的胃。

你们一定记得霸王龙的小短手吧？很多肉食性恐龙的前臂都很脆弱，不过鹦鹉嘴龙的前肢却很强壮，可以做很多事情呢。它们可以用前肢刨土，挖掘出植物的根茎，也可以用前肢把一丛植物抱在怀里啃，吃起东西来特别欢快。不过，这群恐龙里为什么没有小恐龙呢？它们的宝宝在哪里？别着急，跟随科学队长再去远一点的地方找找看。

在几公里外的一个隐蔽山洞里，有几头成年鹦鹉嘴龙正在忙碌着。哎呀，在它们的脚边还有一群小家伙，竟然有三四十个！这些比喝茶用的小杯子大不了多少的小家伙们，正在洞穴里到处乱爬。

咦？这些小家伙爬的时候怎么和刚刚看到的成年鹦鹉嘴龙不一样？怎么是四只脚着地的呢？难道不是鹦鹉嘴龙的宝宝？可是这些小家伙们也长着鹦鹉嘴一样的小尖嘴啊……原来，鹦鹉嘴龙在生长发育的过程中，四肢的长度会发生变化，小时候它们确实是四脚着地行走的。等长大了，后肢长得更长，前肢和后肢相比更短一些，这时候，它们就改用两足行走啦。

原来，这个山洞是这群鹦鹉嘴龙的"幼儿园"。几头留下来的成年鹦鹉嘴龙是专门负责照看这些小恐龙的"幼儿园阿姨"。

🦖 鹦鹉嘴龙模型

小恐龙白天出去活动太危险了，说不定就被贪吃的敌人给偷了去，所以只有到了晚上它们才能去周围转转、去森林里撒撒欢。至于食物嘛，成年恐龙会给它们带回来的。

现在，这几头成年恐龙都特别警惕，它们可要确保这些小家伙不会偷偷溜出去，否则暴露了山洞的位置，就会引来捕食者，那小家伙们可就危险了。

你们瞧，有一个小家伙走到了洞口边，要溜出去了！一头成年鹦鹉嘴龙及时发现了它，赶紧走过去，用嘴巴轻轻叼住小家伙的尾巴，然后把它提起来，放到洞穴里面。小家伙在被提起来的时候可老实啦，它一动不动地任由成年恐龙搬运，被放到地上以后，才恢复了活泼的样子。

黄昏时分,外出的恐龙群回来了！它们为"幼儿园"里的小宝宝带回了可口的食物。两群恐龙汇合在了一起，是时候让"幼儿园阿姨"下班吃点东西啦。那几头留守的鹦鹉嘴龙终于可以放下肩上的责任了。它们迫不及待地离开了巢穴，到不远的地方觅食了。夜幕逐渐降临，它们的身影消失在了夜色之中。

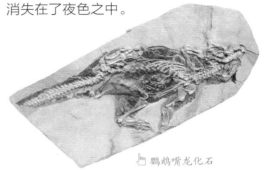

👉 鹦鹉嘴龙化石

你们知道吗？这些生活在白垩纪早期的小型恐龙，可是恐龙世界的大明星——三角龙的远祖，它们虽然还没有长出巨大的角和颈盾，但是它们已经在往那个方向努力了。

● 每期一问

鹦鹉嘴龙为什么要吞食那些小石子呢?

参考答案：它们是用来磨碎胃里的食物的。

33 一根指头的临河爪龙

扫一扫
听科学家讲科学

这一期科学队长要介绍一个很有趣的小家伙。它的前肢只剩下短短的一根指头，就像装饰一样，完全起不到作用，它就是临河爪龙。

队长开讲 科学队长 Captain Science

这一次，我们要回到距今七八千万年前的白垩纪时期，在那个时候，今天的内蒙古临河地区还是一片开阔的荒漠。

在这里，干燥的沙地上还零零散散地分布着一些灌木丛，不时会吹来一阵风，沙土则会随风扬起。这里的自然环境可真是够恶劣的。不过，如果你们蹲下来细看，就会发现仍然有很多小动物在那里顽强地生活着。你们可能看到小蜥蜴、小甲，还有蚂蚁——大群的蚂蚁正在忙忙碌碌地搬运食物。

当然，这里还有大一点的动物。随着一阵淅淅沥沥的响声，灌木丛中钻出了一颗小脑袋。这是一只大公鸡吗？……噢，不，这是一头恐龙。虽然我们熟知的许多恐龙都体型巨大，但还是有相当一部分恐龙的体型，跟我们现在看到的鸟儿差不多大小。

它确实只有一只鸡那么大，不过要是认真打量它，会发现它好像没有翅膀，再仔细一看会发现不对，应该说它的前肢非常短小。要是认真观察它短小的前肢，会发现上面竟然只有一根手指、一个爪子。咦？要知道，这在恐龙里可是相当罕见的。早期肉食恐龙的前肢上有四根指头，就算霸王龙那种前肢非常弱化的家伙，还有两根手指头呢！而这头小恐龙的前肢就只剩下短短的一小根指头，这显然更加退化了。它的前肢看起来就像装饰一样，似乎完全不能起到作用。这个一根手指的家伙，就是临河爪龙。

临河爪龙还原图

你们瞧，它走出来了。

咦？后面还跟着一队"小毛球"！一头，两头……竟然有十来头！这些"小毛球"跟在临河爪龙的身后，就像跟屁虫一样。它们叽叽喳喳地叫嚷着，临河爪龙也不时地回过头来应两声。

啊，原来是它的小宝宝们。别看这头临河爪龙只有一只鸡那么大，它可是头成年龙了，还是个"妈妈"呢。

这些小宝宝们似乎孵化出来的时间还不长，走起路来摇摇晃晃。一会儿这个撞到了那个，一会儿那个撞到了这个。一旦跌倒了，还要滚两下，扑腾半天才能站起来……谁让它们那小短手很不给力呢！

这个摇摇晃晃的队伍就在"妈妈"的带领下，磨磨蹭蹭地前进着。

它们这是要去哪里呢？

穿过几丛灌木，队伍终于停了下来。几个跑得比较快的"小毛球"，一时收不住脚步，直接撞在了妈妈的后腿上。所有的小家伙都瞪大了眼睛，注视着前方。

在它们的前面，有一队蚂蚁。

蚂蚁们从巢穴里爬出来，形成了觅食的队伍，像小溪流一样延伸到远处。在尽头，"溪流"扩展开去，形成了一条条"支流"，然后再分支，蚂蚁们的队形就像展开的扇子，或者延展的树冠一样，伸展到觅食场的各个地方，热切地搜寻着食物。不时会有满载着食物的蚂蚁从另一端反向爬回来，将食物送进巢穴。

不过，现在，蚂蚁们的麻烦来了。临河爪龙妈妈显然盯上了它们。

只见龙妈妈迈着小步子，稳稳地走了过去，一群"小毛球"在后面眼巴巴地围观。龙妈妈似乎很享受这种关注，它"咯咯"叫了两声，然后

低下头……这时，你们会看到它的嘴巴一张，一个红色的东西飞快地一闪，然后一只蚂蚁就从地面上消失了。

原来临河爪龙的嘴巴里有一条又长又黏的舌头，能够飞快地吐出去再收回来。当然，它会准确地粘上一只蚂蚁。这条舌头轻巧又准确，只会带走蚂蚁，而不会把地上的泥沙也送到嘴巴里去。蚂蚁和白蚁很可能就是它们最爱吃的食物。

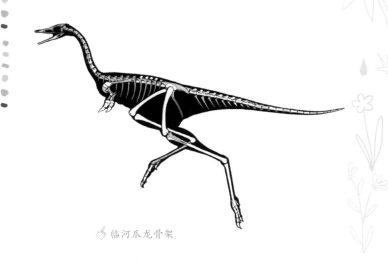

🐾 临河爪龙骨架

后面的众"毛球"看到妈妈的表现，也兴奋起来了。它们圆滚滚地围了上来。

一只胆子大一些的"小毛球"往前挪了挪身子，贴近了蚂蚁的队伍。兄弟姐妹们都既羡慕又钦佩地望着它。这时候，正好有一只蚂蚁爬了过来，来到了小毛球的脚边，似乎有可能爬到它的身上。小毛球完全没有防备到这一手，它"唧"地鸣叫了一声，显然非常紧张，迅速往后蹦去，结果撞到了身后正在看热闹的一群"小毛球"，于是，叽里咕噜倒成了一团……

不过，这些小家伙很快就调整了心态。领头的那只"小毛球"再次接近了一只蚂蚁，它用嘴巴碰了碰蚂蚁。蚂蚁开始惊恐地逃跑。于是，小毛球开始追蚂蚁。它张开嘴，咬了下去。没咬到……它停下来开始甩头，看来，它的嘴巴里吃进了沙子，那滋味可不好受。

不过，它可没有气馁。它瞄上了另一只蚂蚁。再来！

这群"小毛球们"再也按捺不住了，它们也纷纷寻找各自的目标，追逐起来，叽叽喳喳地吵闹着，蚂蚁队伍也被它们折腾得大乱。

过了好久，终于有"小毛球"摸到了诀窍。一个小家伙用舌头粘住了蚂蚁，送进了嘴巴里，虽然还连带着一些沙土，但是它最终摇头晃脑地把沙子吐了出来。一只香甜美味的蚂蚁被送进了肚子里。

还有一些"小毛球"因为太深入蚂蚁群了，结果被蚂蚁爬上了身，甚至被咬到了。它们难受得"唧唧"直叫。这时候，龙妈妈的作用就发挥出来了，它把"小毛球们"叼到没有蚂蚁的地方，帮它们舔掉身上的蚂蚁。

然后，不出两分钟，小毛球就忘记了刚刚吃过的苦头，重新加入觅食的队伍里去了……

于是，蚂蚁们很郁闷，恐龙们很愉快。

这场愉快的宴会一直进行着，直到夕阳西下，再也无法忍受的蚂蚁们躲进了窝里，不肯出来了，恐龙们这才恋恋不舍地结束了活动。这是"小毛球们"出生后的第一课。在这一课里，它们必须学会进食，学会填饱自己的肚子。幸运的是，所有的小家伙学得都不错。

现在，它们正摇摇摆摆地跟着妈妈往回走了。它们要在天黑前赶回巢穴，挤在一起，暖暖地睡上一觉，明天还有新的课程要学习呢。

怎么样？这群"小毛球"很可爱吧？它们前肢那仅有一根手指的特殊模样也非常吸引科学家们的关注。肉食性恐龙手指数量的退化是一件很有意思的事情，而且临河爪龙是个极端的例子。看来，它们已经几乎要完全抛弃前肢了。

· 每期一问 ·

临河爪龙很可能最喜欢吃什么东西？

参考答案：蚂蚁。

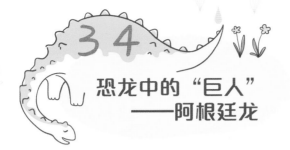

34 恐龙中的"巨人"
——阿根廷龙

开门见山

你们是不是觉得霸王龙是很大很大的恐龙呢？那你们想不想认识恐龙中更大的家伙呢？实际上，有很多恐龙都比霸王龙大得多，下面科学队长要介绍的恐龙，就是体型最大的恐龙之一——阿根廷龙。

队长开讲

科学队长
Captain Science

这近 1 亿年前白垩纪晚期的美洲阿根廷地区，遍布着高大的杉树和松树，这些树木高大挺拔，有的有二三十米，甚至更高，比你们平时见到的大多数树木要高大得多。在树干的上部，有脆嫩的枝叶伸展着，看起来就特别好吃。

可是，这是一个让大多数爱吃植物的动物绝望的高度。即使是现在的长颈鹿，也别想舔到它们的一片叶子！这是树木保护自己枝叶的一种方法。不过这个如意算盘可打得不够响，还有一些特别巨大的动物能够吃到高处的叶子。

嘘，你们听听，远处传来了巨大的轰隆声！

35米

阿根廷龙还原图

这是一群让其他动物望而生畏的巨大动物，它们拥有长长的脖子、粗壮的四肢，还有很长的尾巴——加在一起，长度要超过 30 米呢！你们想想，这可比我们上课的 3 间教室加在一起的总长度还要长。这就是我们这一期的主角——阿根廷龙。阿根廷龙是地球历史上出现过的最大型的恐龙之一。阿根廷龙在一大步一大步缓慢行走的时候，周围的小恐龙们会纷纷避让，生怕这些大个子踩到自己。

阿根廷龙一边走一边吃东西，它们可以轻易地吃到普通树木的叶子，对于那些高大的树木，它们也有办法。

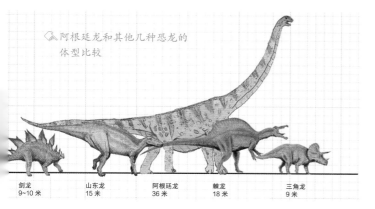

△ 阿根廷龙和其他几种恐龙的体型比较

| 剑龙 9~10 米 | 山东龙 15 米 | 阿根廷龙 36 米 | 棘龙 18 米 | 三角龙 9 米 |

你们看好了！

只见一头巨大的阿根廷龙前腿离地，直接用后腿立了起来，它可是有近 100 吨的体重，相当于好几十辆小轿车加起来的重量。这大概是陆地动物所能做出的最强健的动作之一了！然后，它伸长了脖子，吃到了高处的叶子。随后，它恢复了四脚着地的状态，前肢落地时发出了沉闷巨大的"咚"声，整个地面都跟着颤抖了一下，把地面上的小动物们吓得慌忙奔逃。

为了保持这庞大的身体，阿根廷龙们得不停地吃东西，它们的嘴巴就像是一个高效的树叶收割机，脖子就像食物的传送带，巨大的身体就像一个营养物质加工厂。由于体型巨大，它们并不太担心天敌的威胁，很少有动物能够对它们造成威胁。

当然，阿根廷龙也并不是没有任何天敌。

你们看，就在树林的深处，一些黑影晃动着，似乎正在聚拢形成某种队形。这些黑影看起来要比阿根廷龙小很多，但依然巨大，看起来每个黑影似乎都有一辆公共汽车那么大。

沙！沙！沙！——

声音逐渐靠近，越来越大。

一些阿根廷龙开始警觉起来了，它们四处张望，发出低沉的吼声。

终于，一头凶猛的肉食恐龙从树后面钻出来了，接着，又是一头，哦，至少有十头肉食恐龙，它们组成扇子一样的形状，包抄了过来。是

马普龙还原图

马普龙群！马普龙仅比著名的霸王龙小一点，是这个区域中的霸主。

阿根廷龙群显然并不想和马普龙交手，它们开始撤离。

这时，一头行动稍慢的阿根廷龙成了马普龙的目标。有五六头马普龙围拢了过来，将阿根廷龙围在了中间。这头阿根廷龙显然也意识到了问题的严重性，它开始变得紧张起来。

这时候，正前方的两头马普龙开始缓缓地逼向阿根廷龙。阿根廷龙也不甘示弱，它再次用后腿支撑身体，直立了起来，然后前腿向前猛地踏下。地面轰然抖动，这强有力的警告动作，吓得那两头马普龙匆忙后撤，但这是虚招。在阿根廷龙身后，一头马普龙趁着阿根廷龙前腿落地的空档，猛地一口咬了上去，锋利的牙齿直接咬住阿根廷龙的臀部，把它的屁股咬出一个大口，撕下来一大块肉。

阿根廷龙疼得大声嘶吼，变得暴躁无比，它猛地向前冲去，前面的两头马普龙只能匆忙让路。阿根廷龙挥舞抽动的尾巴也使马普龙放弃了追击。阿根廷龙突围了。对马普龙来说，这个猎物还是太大了，要想吃到它还是很困难。

然而，捕猎不一定要把猎物杀死。咬下来的那一大块肉，至少可以让这几头马普龙享受一番肉的美味了。至于其他的马普龙，它们还在奋力追赶着阿根廷龙群，也许会有所收获吧！

没有动物愿意主动攻击比自己强壮的动物，为了获取食物，马普龙必须万分小心，而且必须群体出动。要知道，体重是它们数十倍的阿根廷龙哪怕踩它们一下，或者抽一抽尾巴，都有可能要了它们的命。

在自然界，捕食者和被捕食者就是这样，它们拼尽全力只是为了让自己有足够的食物活下去，并且养育后代。虽然听起来好像很残酷，但这就是自然界的优胜劣汰，这就是生态系统中的食物链。

每期一问

阿根廷龙在什么情况下会用后腿支撑身体立起来呢？

35

慈母龙真的是慈母吗？

扫一扫
听科学家讲科学

开门见山

在距今七八千万年前的美洲大陆上，曾经无比繁盛的蕨类植物已经逐渐衰退，跟现代的植物更加相似的被子植物蓬勃发展起来，陆地上有了花香、果香，一些和今天看起来十分接近的昆虫，也在花草丛中跳跃、飞舞了，十分惬意。嘘，你们听，"哗啦啦"的声音响了起来，高高的野草被压向两旁，一个大家伙出现了！

队长开讲

科学队长
Captain Science

距今七八千万年前的白垩纪晚期，是恐龙最后的时光。

你们瞧，一个大家伙正四脚着地、慢悠悠地行走着，草地上留下了一连串它的巨大脚印。这头恐龙有七八米长的样子，相当于一间教室的长度。细看之下，你们会发现，它的嘴巴扁平，嗯……怎么有点像鸭子？这就对啦，科学家们也这么认为，所以把这类恐龙叫作鸭嘴龙类恐龙。之前还有人因为这张鸭子嘴，推断它们是经常泡在水中的恐龙呢，甚至还有人以为它们的脚上会有用来游泳的蹼，就像池塘里的鸭子一样。不过，这些猜想都被后来科学家们的新发现证明是错误的。

〖图〗慈母龙还原图

其实在大多数情况下，这些恐龙都生活在陆地上，偶尔会下水游两下。鸭嘴龙类恐龙的种类很多，不少种类的头上还长着漂亮的头冠。不过，刚才你们见到的这种鸭嘴龙类恐龙头上可没有头冠。

咦，它怎么忽然用两条后腿站立起来了？它似乎在四处张望，正在寻找着什么。它到底在找什么呢？

啊，找到了！

它的前面有一棵果树！红红的浆果如同枣儿一般大小，看起来非常诱人，真是一顿美餐呀！

它快步走过去，用上肢压在一根长满了小果子的枝条上……咦？这是要干什么？

"咔嚓！"

虽然枝条很粗，但是显然这头恐龙的力气更大，枝条轻易地就被折断了。

接下来，它用嘴巴叼着满是果子的枝条原路返回了。你们猜猜，它这是要去哪里呢？我们一起跟过去看看吧。

很快，它来到了一条小河边。开始淌水，目的地似乎是河中的那块大三角洲。

哦，在那个三角洲上有好多小鸭嘴龙的身影。看来，这里是它们的家啊。由于有河水的保护，这块地方不会受到肉食恐龙的攻击，真是一个不多见的好地方，所以这群大鸭嘴龙的整个家族都在这里繁衍生息。

很快，大鸭嘴龙就登上了三角洲。别看这片三角洲这么小，这里每隔三五米，就藏着一个恐龙窝呢。如果你们从天空俯瞰，会发现这些窝就像棋盘上排列紧凑的棋子一样，布满了整个三角洲。每个窝都是精心刨出的土坑，看起来很圆，坑边上还用土堆起了一圈，可以防止下雨时的积水灌进来。这些窝里面有很多还在孵化的恐龙蛋，恐龙妈妈给这些恐龙蛋周围堆上了腐烂的树枝和树叶，这样可以给小窝保温，帮助恐龙蛋的孵化。在另一些窝里，则已经开始有小恐龙探出脑袋来了。

🐾 破壳而出的幼龙还原

刚刚孵化出的小恐龙几乎没有多少运动能力，它们正瞪着大眼睛，眼巴巴地等着它们的妈妈带食物回来。这一幕，看起来真像今天的小鸟宝宝啊。

而刚才回来的那头恐龙，正是一位"母亲"。它把带着果子的树枝分解成更小的树枝，摆在自己的巢穴里。它的宝宝们都围了上去，争先恐后地抢着啃食甜美的果子。

看到这里，你们是不是会以为恐龙妈妈们都这么细心呢？实际上并不是这样的。有很多大型的蜥脚类长颈恐龙会生很多很多蛋，但却从来

🐾 在巢中的未成年慈母龙骨架还原

都不管宝宝的死活，至于有多少宝宝能活下来，就只能听天由命了。相比较之下，这些有妈妈喂食的恐龙宝宝就幸运多了。而这类悉心照料宝宝的鸭嘴龙，也被科学家们亲切地叫作"慈母龙"。

慈母龙妈妈可是细心的好妈妈，它们会把巢穴整理得干净整洁，也会不时关注宝宝的健康，无微不至地照顾它们。

慈母龙的蛋巢还原

就这样，宝宝一天天长大了。几个月过去后，小慈母龙已经长得壮壮的，跟得上"妈妈"的步子了。也就是在这时，降雨量充沛的日子即将结束了。

随着降雨量的减少，食物也在减少，河水的水位也在降低，三角洲失去了河水的保护，来自食肉龙的威胁会大大增加。看来是时候离开了。

这一天，随着一声声高亢的叫声，这个三角洲活跃了起来。

领头的慈母龙迈开了步伐，后面跟着它的亲戚们，上万头慈母龙组成了迁徙的大队伍。在队伍中，每一位慈母龙妈妈身边都跟着几头小慈母龙，队伍绵延了很长，很长。这是一条古老的征程，已经存在了数以万年计的时间，它们将沿着这条路线到达下一个草木肥美的地方，并将继续走下去。而来年的繁殖季节到来时，又会有新的慈母龙来到这里，在这里繁衍，到了旱季再离开。

正在迁徙的慈母龙群体

慈母龙是我们了解得比较充分的恐龙。目前，科学家们已经发现了超过 200 具慈母龙化石，有成年恐龙的，有小恐龙的，有恐龙蛋，还有它们的巢穴遗址。通过这些化石，科学家们推断，它们可能是社会化程度相当高的群居恐龙，它们的育幼行为也更接近某些鸟类。而这些慈母龙，也很可能坚持到了恐龙时代的终结。

每期一问

三角洲上慈母龙的窝是怎样排列的？

参考答案：每隔三五七米就有一个窝。

36 快刀手异特龙

· 开门见山 ·

在岩石的另一面，一头两条腿的肉食恐龙正走了过来，有八九米长的样子，比剑龙还要长一点，因为有两条长腿的支撑，肉食恐龙可以站得更高，也就看得更远。如果你们看看它微张着的大嘴巴，就会发现里面的锋利牙齿，像一把把弯匕首，昭示着它卓越的攻击力。这头厉害的肉食恐龙，就是科学队长这一期要介绍的主角——异特龙。

· 队长开讲 ·

科学队长
Captain Science

这是一个几乎没有风的午后，太阳热辣辣地照射着侏罗纪晚期美洲大陆的这片平原，稀疏的树木伫立在平原上。在这样的天气里，动物们活动的欲望都不太强。一小群剑龙正借助一块突起的岩石，抵挡着烈日的烤炙。虽然剑龙的个头不小，但它们可并不是什么脑子灵光的家伙。它们每头都有七八米长的样子，相当于一辆面包车大小，背上长着标志性的骨板，而在它们尾巴的后段上，还长着成对的锋利骨刺，那是它们自我保护的武器。

现在，它们趴在地上，嘴里悠闲地嚼着植物的叶子，完全没有注意到即将到来的危险——就在岩石的另一面，一头两条腿的肉食恐龙正走了过来。

这头肉食恐龙有八九米长，比一般的剑龙还要长一点。因为有两条长腿支撑，它可以站得更高，看得更远。如果你们爬到高高的树上往下看，会发现它的脑袋上两只眼睛的前上方，还有两个非常显眼的突起，这两个突起被科学家们称为"角冠"。科学家们认为，这些角冠也许会有遮蔽光线、保护眼睛的作用，让它的视觉更锐利，就像孙悟空的火眼金睛一样。它的牙齿沿着它的上下颌分布，扁平而锋利，并且微微弯曲，就像一把把弯匕首，昭示着它卓越的攻击力。它就是这一期的主角——异特龙。

异特龙还原图

现在，这头异特龙已经饿了很久了，否则它也不会这时候出来活动。它饥肠辘辘，四处张望着。

突然，巨石后露出的一截恐龙尾巴吸引了它的目光。

呀，有猎物！

异特龙年幼时腿占身体的比例更大，奔跑速度很快，追击猎物是它那时候主要的捕食方式；但现在，已经成年的它变得更加壮实，体型也更大，虽然仍然能跑，但追击猎物已经不是它的首选。它学会了巧妙地偷偷伏击，这样捕起猎来更加得心应手。

于是，它放慢了脚步，尽量使自己轻手轻脚，尽管这对一个几吨重的大家伙来说并不容易。幸好在这炎热的天气下很少有动物出来活动，它的行动并没有引起剑龙的注意。

一步，一步，越来越近了……

异特龙终于来到了岩石后面。它知道，在岩石的另一面有它的猎物。

它停了下来，调整了一下自己的呼吸，切换到攻击状态。

它慢慢接近岩石的边缘，当然，不是猎物露出尾巴的那一边，因为异特龙知道，有很多植食性恐龙的尾巴都不太好惹。如果你们翻翻恐龙

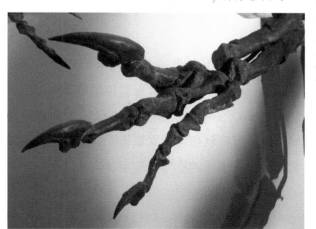
异特龙的爪子

图鉴，会发现植食性恐龙的尾巴有带刺的、有带棍子的，还有带骨锤的，等等，可厉害了。异特龙要是从尾巴那边冲过去，搞不好就要吃亏，即使能咬上一口，也很难咬到灵活的尾巴，而且即使咬到了尾巴也不会致命。

它一点一点绕过去，先稍微偏过一点头，用眼睛从一侧观察了一下。看来，那边有七八头剑龙，但遗憾的是，没有太小或者太弱的家伙可以下手。不过边上有一头剑龙的位置挺适合攻击的。

管不了那么多了，填饱肚子要紧。

于是，它冲了出来，迅速出击，一口咬向了那头剑龙的脖子。

异特龙的嘴巴可以张得很大很大，这样，它们匕首一样的牙齿就会像刀子一样，轻易地在猎物身上划出深深的伤口。

异特龙的头骨

尽管已经是出其不意了，但这头剑龙还是做出了反应，它扭动身子躲开了要害，却还是不幸被一口咬住了。这一口看来咬得还很深呢！

剑龙猛烈地挣扎着，它扭动尾巴向后撩去。说来也巧，异特龙当时的姿势正好把自己的尾巴暴露在剑龙的攻击范围内。于是，尾巴撞到了尾巴。

这次，吃亏的是异特龙。剑龙尾巴上的骨钉猛然扎进了异特龙的尾巴里，猛烈的冲击力将异特龙甩向一边，它不得不松开嘴巴。

不过这头剑龙也流了不少血。要知道，异特龙的牙齿是最适合放血的结构，它的很多猎物都是因失血过多而死的。不过这一次，这头剑龙的运气很好，没有被切断动脉，还可以慢慢恢复过来的。

异特龙忍着疼痛，准备再次发起攻击。

但这次，它已经丧失了出其不意攻击的机会。剑龙们已经形成了防御阵形，它们调转方向，尾巴对着异特龙，身体抖动着，发出哗哗的响声。这样的阵形加上剑龙身上的武器，就像城堡一样不可攻破，于是受了伤的异特龙只能离开。

或许这头异特龙再也不会尝试去找剑龙的麻烦了，这次的攻击让它差点付出惨重的代价。你们想想，如果被剑龙尾部击中的不是尾巴，而是腿骨，那它就有可能受重伤而倒地不起，这样它就会丧失捕猎的能力，最后被活活饿死。

是时候去寻找下一个目标了。看来一个防

御能力比较弱的猎物才是最好的选择呢。要在大自然中生存下去真不容易啊！

怎么样，你们觉得这是一个惊险的故事吗？大自然中真实的故事可能会更加惊险呢！

异特龙是侏罗纪晚期非常具有杀伤力的肉食恐龙，甚至有可能成群活动。它们的同类一直延续到白垩纪时期才慢慢衰落下去，但它们并不是棘龙和霸王龙这些大型肉食恐龙的祖先。

异特龙的部分骨架

每期一问

异特龙的牙齿有什么特点？

每期答案：长着弯曲的上下颌牙齿，当牙齿脱落后，并且能继续生长，就像一把锋利的匕首。

37 头上有角的食肉牛龙

扫一扫
听科学家讲科学

扫一扫
听科学家讲科学

·开门见山·

今天，科学队长要再给你们介绍一种很独特的肉食恐龙。它的样子很独特，生活在距今大约 7 000 万年前的南美大陆，它就是头上有角的食肉牛龙。

·队长开讲·

距今大约 7 000 万年前的南美大陆已经和欧亚大陆分离，也没有和北美洲相连，或者说，那时的南美洲是一座孤岛大陆。在大陆的一角，有一片海岸平原，一条大河穿过平原，波浪汹涌地从这里汇入大海。大河是平原的缔造者，数万年的冲积作用从上游带来了肥沃的泥土。平原上，

大大小小的湖泊和水洼星罗棋布，水生植物非常茂盛，你们甚至还能看到成片的古荷花。水边，高大茂盛的蕨类植物和低矮的有花被子植物，分别在不同的高度占据着主导地位。

在一处小水洼旁，一群小头龙正在进食。小头龙是两条腿走路的中型恐龙，较长的脖子上顶着一个相对较小的脑袋，这方便它们把头探进灌木丛中去吃美味的嫩叶和浆果。它们的小手也可以直接抱住树枝，更方便吃东西。小头龙的身长三四米的样子，相当于你们的床和书桌接在一起的长度。

现在，在它们面前有一大片浆果树丛，鲜美

多汁的果子让它们欲罢不能。然而，它们并非这一期故事的主角。这一期的主角正偷偷地躲在一丛高大的苏铁后面，虎视眈眈地注视着那群吃得正起兴的小头龙呢。

它的体型可比小头龙大多了，有八九米长的样子，比两头小头龙的头尾连在一起还要长。当然，它也更高，至少有你们的卧室那么高。它大概可以填满你们家的客厅。它的大嘴里密布着锋利的牙齿。不过，最有特点的是，它的头上居然有两只角，就在眼睛的上方，看起来有几分像黄牛的角。后来，科学家就管它叫"食肉牛龙"。

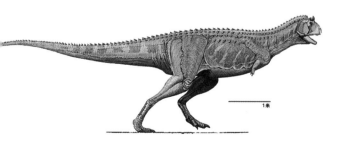

食肉牛龙还原图 1

食肉牛龙非常喜爱狩猎大型的蜥脚类恐龙。不过，这并不妨碍它今天盯上这些体型相对小一些的恐龙。

食肉牛龙开始进入狩猎模式。它用眼睛死死盯住一个目标，压低了脑袋，伸直了脖子，借助植物的掩护，慢慢地贴了过去。一旦达到合适的距离，它将发起冲锋，直接进攻锁定的猎物。至于其他的猎物，则会被无视。毕竟在进攻时，临时变更捕猎对象是很困难的事情，还不如始终如一，成功的机会更大一些。

近了，近了，马上就要进入攻击距离了……

"咔嚓"——

食肉牛龙的脚踩到了一截腐朽的树枝。树枝断了，声音清脆。

小头龙们听到了响声，齐齐回头。然后，它们看到了不远处的食肉牛龙。再然后，哗啦一声，四散奔逃，很快就没了踪影。整个过程，不超过半分钟，只留下食肉牛龙呆立在那里。

这真是一件尴尬的事情。

食肉牛龙似乎也很无奈，它晃晃脑袋，甩甩尾巴，掉头离开了。

食肉牛龙还原图 2

周围又恢复了平静。

过了很久，窸窸窣窣的声音又响了起来。

这群小头龙又回来了。美味浆果的诱惑让它们战胜了对危险的恐惧。它们小心翼翼地接近这里。

似乎很安全的样子？

于是，愉快的进食又开始了。

然而，没过多久，在不远处一片树木下，一个黑影站了起来！距离很近！

它冲了过来！张开血盆大口，朝一头小头龙咬了下去。而这头小头龙刚刚来得及跑开小半步，一大块血肉就被撕了下来。小头龙无力地摔倒在地面，黑影紧接着又咬了一口。

电光石火之间，一头小头龙就被杀死了，而它的同伴们还没有来得及跑出多远。

而黑影的主人，正是那头食肉牛龙。

原来，食肉牛龙根本没有走远。它选择了一

块隐蔽的地方卧了下来。静静地等待猎物们返回。它的经验告诉自己，贪吃的小头龙一定会再回来的。耐心果然得到了回报。看来，它也懂得孙子兵法中"欲擒故纵"的道理呀，真是厉害！

得到了食物的食肉牛龙晃动着大脑袋，开始享用美食。尽管是头威猛的肉食恐龙，但它实际上也已经饿了许久了。它得吃快点，血腥的气味很快就会吸引来更多的肉食恐龙。

果然，不到20分钟，又有几头食肉牛龙赶了过来。这些食肉牛龙也加入了分食的行列中。不过，猎物的主人并没有拒绝，它已经吃掉了最美味的部分，很快就能吃饱了，现在与同类争斗并没有好处。而新来的那几头食肉牛龙倒是为了能占到一个好的进食位置而不时争斗两下。它们偏着硕大的头颅相互撞击，头顶的角很好地减弱了碰撞的力道，但也足以把同类的脑袋撞到一边去。每头后来的恐龙都希望自己能多吃一点，以便能在未来的日子里活下去。

食肉牛龙骨架1

食肉牛龙骨架2

　　弱肉强食虽然残酷，但这却是大自然的生存法则。食肉牛龙是恐龙时代最后的顶级掠食者之一。它们曾经被认为善于奔跑，甚至被誉为恐龙界的猎豹。但那多半不是事实，这类恐龙的腿相对其他肉食恐龙并没有明显加长，应该不是以奔跑见长的恐龙。它们头上虽然有角，但那显然不是它们主要的武器，长满尖锐牙齿的大口才是它们充满杀伤力的工具。角的作用可能更多发挥在同类之间，比如彼此的相互识别，或者从侧面撞头来和同类比力气。

· 每期一问 ·

　　食肉牛龙是擅长追逐猎物的恐龙，还是更善于伏击偷袭的恐龙？

本期答案：食肉牛龙应该更善于伏击偷袭的恐龙。

38 肿头龙头上怎么长了"大包"？

扫一扫
听科学家讲科学

·开门见山·

一个炎热的夏季，在大陆的深处，强烈的阳光烤炙着大地，有一群恐龙正聚集在河道上，它们是一群两条腿行走的恐龙。有意思的是，这些恐龙的头上有一些粗糙不平的疙瘩，这些疙瘩是怎么回事呢？请科学队长开讲吧！

队长开讲 科学队长 Captain Science

这个故事发生在距今大约 6 700 万年前的北美洲，正是白垩纪的晚期。

那是一个炎热的夏季，在大陆的深处，强烈的阳光烤炙着大地，地面被晒得滚烫。干裂的地面已经找不到潮湿的痕迹，相反，你们甚至能看到地面升起的热气扰动着视线。植物多数都已经枯黄。完全感觉不到风。干旱，已经持续了几个月，比以往大多数时候来得都更加猛烈。

这样的环境对植食动物来说，绝对不是一件好事。没有足够的鲜嫩叶子，它们只能吃干燥乏味的枯草和枯叶。然而，更严重的问题是，河流已经干涸，往日宽阔的水面已经看不到一丁点儿水，已经有一些动物因为饥渴难耐而倒下了。这时候的肉食恐龙是最不需要害怕的，因为它们很容易就能吃到因饥渴而倒下的动物，吃得饱饱的，完全没有狩猎的必要。也许，它们也挺喜欢这样的日子吧。

现在，有一群恐龙正聚集在河道上，它们是一群两条腿行走的恐龙。大的有四五米长，小的只有两三米长的样子，看起来应该是一个族群。有意思的是，这些恐龙的头上有一些粗糙不平的疙瘩，原来这是一些骨质的瘤状突起。再看看它们的头顶，小一些的恐龙头顶是平的，而大恐龙的头顶则向上隆起，就好像头上扣着一个瓢或者鼓起一个大包。看起来从小恐龙到大恐龙，它们的头顶是随着时间一点点隆起的。因为这个奇怪的头顶，它们也被称为"肿头龙"，是一种植食性恐龙。

图 肿头龙还原图

在这个族群中，长者为尊。最年老的肿头龙是首领，当然，你们也可能猜到了，它头上的包也是这群肿头龙里面最高的。

现在，首领必须要带领整个族群走出困境。它们必须去寻找水源。首领拥有最丰富的生活经验，也经历了无数次迁徙，它记得好几处水源，有必要过去碰碰运气了。

于是，整个队伍在它的带领下徐徐前进着。还有一些零散的植食性恐龙尾随着它们，这些恐龙明白，肿头龙很可能知道哪里有水。当然，队伍的最后，还跟着几头肉食恐龙，它们虎视眈眈地等待着掉队的恐龙，随时准备饱餐一顿。

整整一天一夜，队伍在艰难地前行着，滴水未进。

肿头龙族群中已经有些恐龙快要撑不住了，但是，首领的眼神坚定，队伍没有停顿。如果有小恐龙快要掉队了，成年的恐龙就会用嘴巴去碰碰它的头顶，鼓励它继续前进。后面尾随的植食性恐龙已经少了许多，有的是放弃了，有的是掉队了或者倒下了。

肿头龙的头部还原图

终于，它们来到了一处山谷。肿头龙的首领明显兴奋了许多。

就是这里！

它加快了脚步，带领队伍穿过山谷，进入一片盆地。盆地的中央曾经是一片湖泊，现在，已经变成了若干个浅浅的水域。而盆地里植物的状态，也比外面好很多。不管怎么说，这里还是有水的。

这对饥渴了一天的恐龙们来说，已经算得上天堂了。它们兴奋地跑向最近的一个水塘。然而，这里已经聚集了不少恐龙，有三角龙、奇异龙，还有鸭嘴龙，等等。一些恐龙不满地看向这些新来的恐龙。不过，没有恐龙自认为能够独占这个宝贵的水塘。所以，它们还是默许了这些新来的家伙。

突然，水塘边混乱了起来。然后，这些植食性恐龙都慌忙跑开了，但是又舍不得离水塘太远，就那样远远地看着。

哦！来了一个威风凛凛的家伙，是一头暴龙。暴龙可以说是这个时代最强大的掠食者，难怪其他恐龙会被吓走！它来做什么？是捕猎吗？

不是！只见它低下头，让下颌浸没在水里，像鸡那样吞了几下，然后一仰头，将水咽了下去，接着又低头去喝。

看到暴龙原来是来喝水的，几头肿头龙有点禁不住诱惑啦。它们小心翼翼地靠过去，在暴龙对面的水边停下来。它们一边盯着暴龙，一边赶紧喝上两口。暴龙一抬头，它们就立马跑开。这真是一场危险的游戏。

终于，暴龙喝饱了。它大摇大摆地走开了。植食性恐龙们终于可以放心大胆地去喝水了。

喝足了水，肿头龙群终于安顿了下来。肿头龙首领望着自己的族群，不知道在想些什么。也许它在思考，如果干旱继续下去，一旦这里也变得干涸，下一步该去哪个地方吧。

🦴 肿头龙头颅骨

其实最开始的时候，科学家们发现肿头龙头顶隆起的部分骨头非常厚实，以为它们会将头顶当作撞击的武器，用来争夺配偶、防御敌害。今天，科学家们更倾向认为它是年龄和身份的象征，而那些突起的骨瘤，则可能是识别同类的依据。至于这个故事，尽管是虚构的，但很可能是当时出现过的场景。你们看，水对动物来讲是多么珍贵的生存资源呀？对我们人类来说，水也同样重要。所以，你们在日常生活中，也要注意节约用水啊。

• 每期一问 •

幼年肿头龙的头顶是平的还是隆起的？

参考答案：幼年肿头龙的头顶是平的。

39

伶盗龙大战原角龙

扫一扫
听科学家讲科学

·开门见山·

在科幻系列大片《侏罗纪公园》里，有一种恐龙叫迅猛龙，这迅猛龙的原型就是今天的主角——伶盗龙。与电影里那光溜溜的裸奔形象不同，伶盗龙身上长满了羽毛，外形看起来可能更像一只有着长尾巴的鸵鸟。快来听科学队长讲讲是怎么回事吧！

队长开讲· 科学队长 Captain Science

《侏罗纪公园》中的迅猛龙原型的确是伶盗龙，但伶盗龙的体型可没有电影里那么高大威猛。虽然它有2米长，差不多和你们的床一样长，但那主要归功于它细长的尾巴，而实际上它的肩高只有半米左右，并不是很巨大。它的体型大概

也就和一条中等体型的小狗差不多。而且伶盗龙身上长满了羽毛，看起来更像一只有着长尾巴的鸵鸟。

伶盗龙还原图

不过，这家伙有非常非常锋利的牙齿，是肉食恐龙。而且它还有锋利的脚爪，其中内侧的那根脚趾上有非常发达和锋利的爪子。考虑到它轻盈的体态，它很可能是非常迅捷的掠食者。

1971年，科学家在戈壁沙漠南部蒙古国境内，发现了著名的"战斗中的恐龙"化石。其主角之一便是伶盗龙。这两头恐龙的化石紧紧纠缠在了一起，似乎呈现出了激烈的搏斗姿态。那么，这两头恐龙之间发生了什么故事呢？经过科学家最初还原，这个故事也许是这样的。

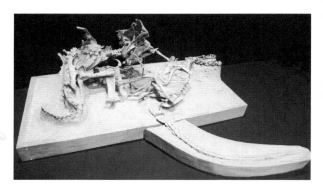

　打斗中的原角龙和迅猛龙

在七八千万年前的白垩纪时期，那时蒙古地区已经比较干旱了，这里是一片荒漠，有稀疏的植物，也有起伏的沙丘。原角龙是这里最常见的植食性恐龙。它们虽然有角龙的名声，但是体型却并不巨大，大概只有一头家猪那么大。但与其他角龙一样，原角龙的头上有一截颈盾，就像一块盾牌，可以护住自己的脖子和肩部。

现在，这头原角龙正在啃食着植物，它那鹦鹉一般的嘴巴里有细小的牙齿，可以咬断枝叶。

然而它不知道的是，危险正在一步步地临近。

就在沙丘的后面，一头伶盗龙正在慢慢靠近，它转过沙丘，悄悄地绕到了原角龙的身后……

👆 安氏原角龙想象图

原角龙依然毫无察觉。

突然间，伶盗龙猛地扑了上去，用它那粗壮的脚趾猛扣住原角龙的颈部，锋利的趾爪刺穿了原角龙的颈动脉。

然而，原角龙并未立即死去，它奋力挣扎，趁着伶盗龙站立不稳，用嘴巴猛然咬住了伶盗龙的前肢！

两头恐龙扭打在了一起。

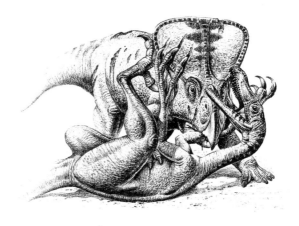

👆 伶盗龙大战原角龙还原图

就在这时，沙丘坍塌了。黄沙顷刻间就将两头恐龙给埋上了。于是，它们就保持着这样的搏斗姿势一起死去了。经过了数千万年的地质变迁，它们变成了化石，并且在数十年前被发掘了出来。

这个故事听起来很精彩，和化石埋藏的姿态也非常匹配，似乎相当完美。

然而，这就是真相吗？

古生物学家要像侦探一样工作，从化石上寻找蛛丝马迹，还原当年的场景。但是，科学队长告诉你们，寻找事情的真相并不容易，有时候看到的景象也可能是别的原因造成的。

确实，有证据显示，伶盗龙和原角龙之前可能有取食关系。比如，我们就曾在原角龙的骨骼化石上找到疑似伶盗龙的齿痕。但骨头上有齿痕并不意味着这头原角龙一定是被伶盗龙杀死的，你们说是不是？

想想看，还有没有别的可能呢？

……

有可能这头原角龙在之前就已经死了？或者是被别的恐龙杀死的，然后伶盗龙捡了一点残羹剩饭，啃了啃骨头？

那回过头来，再看看这两头被埋在一起的恐龙化石。它们真的是因战斗而死的吗？

它们有没有可能是在两个不同的地方分别死掉的。比如，都死于一场突如其来的洪水，然后，洪水把它们的尸体卷到了河里，堆积到了一起，恰好形成了这样互相缠绕的姿态？然后被河沙掩埋，而不是沙丘……这也是有可能的。

至少，这样的解释也很难被驳倒。你们说对吧？

事实上，已经有很多人怀疑原角龙和伶盗龙

战斗的真实性了。

一个非常重要的疑点就是：虽然表面上看，伶盗龙和原角龙的个头相差不大，但实际上，原角龙的身体更加壮实，体重超过伶盗龙很多，伶盗龙未必有能力击杀原角龙。如果想要获胜，也许需要一群伶盗龙才行吧。不过，目前并没有伶盗龙成群活动的确实证据，而这个"战斗场景"中也没有发现其他伶盗龙参与捕猎的证据。

原角龙骨架

其次，现在有很多科学家认为，伶盗龙主要捕猎一些小动物。他们把伶盗龙与鹰等猛禽比较，认为伶盗龙的爪子有按压、抓握的作用，它们用

脚踩住猎物，以自己的体重压制住猎物，然后像鹰一样低头撕下肉块，吞进肚子里，而不是将爪子作为刺进大型动物颈动脉的有力武器。毕竟那种刺杀方法，要精准找到猎物的血管，难度还是太大了一点。

至于像原角龙这样的植食性恐龙，伶盗龙也许并没有捕杀能力，只是偶尔会啃食遇到的尸体罢了。

所以，伶盗龙大战原角龙的场面很可能并不存在，化石的埋藏姿态说不定只是一种巧合，最终的结论需要等待科学家们的进一步研究。

● 每 期 一 问 ●

伶盗龙身上有羽毛吗？

答案见后：身上

40 灰烬之下的热河生物群

扫一扫
听科学家讲科学

开门见山

在火山喷发的时候，火山口会向外喷出数不清的有毒气体和火山灰。在无声无息之间，有毒的火山气体就会在火山的山脚下扩散开来，因为这些气体比空气要重，所以会在火山附近的地面上形成一片致命的区域。生活在这片区域的动物如果没有能够及时逃离，那么它们的命运就可想而知了。下面这个故事就与火山有关，请科学队长开讲吧！

队长开讲 科学队长 Captain Science

火山喷发虽然看上去非常壮观，但是一座正在喷发的火山往往会对生活在火山周围的各种动植物带来可怕的灾难。

在古生物学的研究中，火山灰形成的地层中的化石往往保存得比较完整，这种现象也与火山所喷出的有毒气体有关。当火山发生比较大规模的喷发时，产生的有毒气体往往会令许多小动物窒息而死，紧接着铺天盖地的火山灰像下雪一样纷纷扬扬地落在地面，将这些动物的遗体覆盖起来。这样一来，没有经过其他生物毁坏过的动物遗体也就形成了非常完整的化石。

其实不仅仅是古生物学的研究，在科学家们对古代人类文明的研究中也同样存在着被火山灰埋葬而形成的大规模遗迹群，这就是位于意大利的庞贝古城。公元79年，维苏威火山爆发，将这座城市里的一切都掩埋在了6米多深的火山灰下面。直到 1000 多年后人们才发现这座城市的遗迹，包括城市中的居民和一切房屋、街道，甚至墙壁上的壁画都被很好地保存了下来。这座城市遗迹也就成为人们了解公元 1 世纪古罗马时期社会文化的重要窗口。

我们还是回到古生物学来吧。这一期的故事也可以称得上是白垩纪早期的"庞贝古城"，这就是位于我国辽宁西部的热河生物群。

在 1 亿多年前的白垩纪早期，辽宁西部是一片充满了生机的土地。随着气候的变化和大陆的漂移，这片土地变得既温暖又湿润。远处的巨大的火山正在冒着滚滚的浓烟，高大的松柏和银杏树在火山脚下形成了一望无际的树海，浅浅的河流和湖泊星罗棋布，仿佛镶嵌在翠绿色的丛林中的用银线串起来的宝石项链。有花植物刚刚出现，早期的鸟类——孔子鸟在高高的树枝间飞来飞去，而体型更大的中国翼龙则盘旋在湖水上空，寻找着能够填饱肚子的鱼儿。

孔子鸟的化石 1

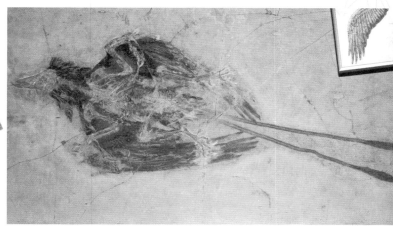

孔子鸟的化石 2

　　湖泊的浅水中，原白鲟在缓慢地巡游着，在水中倒下的树干的缝隙里面寻找环足虾和其他小动物。水边的浅滩上，蟾蜍和蝾螈在懒洋洋地享受着温暖的阳光。满洲龟爬在倒伏在水中的树干上，依靠身上坚硬的甲壳，它们完全不用担心肉食动物的骚扰。

🐢 满洲龟的化石

　　一个有着长脖子的黑影在浅水中快速地游动着，这是一头潜龙。潜龙长得有点像伸长了脖子的蜥蜴，它们的四肢非常短，尾巴扁平，适合在浅水中游泳。在连接湖泊的河湾的浅水中，潜龙在追逐着一小群狼鳍鱼。这些大约 10 厘米长的小鱼在白垩纪早期的东亚十分常见，几乎每一条小河和湖泊

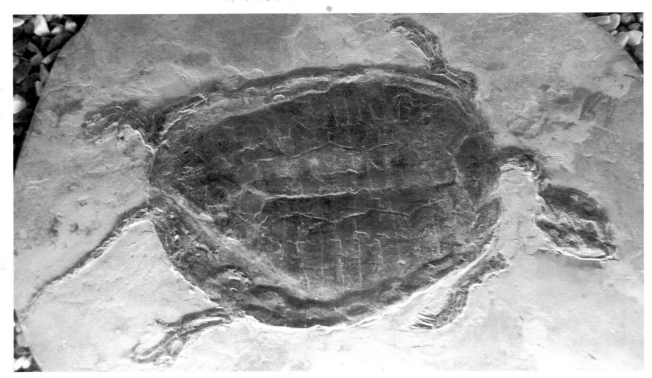

中都会有成群的狼鳍 (qí) 鱼在游动。因此，这些鱼也就成为各种小型掠食者最喜欢的食物之一。

🔲 潜龙还原图

👆 狼鳍鱼的化石

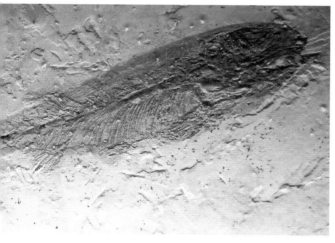

就在潜龙专心致志地追逐着鱼群的时候，一个小小的黑色影子从水面上一掠而过，溅起了一小片水花。这个影子看上去和乌鸦差不多大小，就在刚才，趁着潜龙把鱼群赶到了水面附近的时候，它看准时机俯冲过去在水面上成功抓起了一条狼鳍鱼。这个小小的黑影就是小盗龙。

小盗龙是一种能够利用翅膀和腿上的羽毛在丛林间滑翔的小型兽脚类恐龙。这头小盗龙刚刚成功地抓到了一条狼鳍鱼，现在它落在了一棵大树的树杈上面，打算好好地享用这一顿美餐。

在心满意足地吃着狼鳍鱼的小盗龙的下方，大树根部的树洞里住着一家鹦鹉嘴龙。雌性的成年鹦鹉嘴龙正在照看着几十头刚刚出生不久的小宝宝。这些鹦鹉嘴龙宝宝可不都是她自己的孩子，而是鹦鹉嘴龙群在这个繁殖期里孵化出的所有的幼龙。雌性鹦鹉嘴龙正瞪大了眼睛警戒地观察着四周，在同伴去觅食的时候她必须时刻保持警戒，不然那些在周围游荡的爬兽就可能把这些幼龙抓走吃掉。

🖐 鹦鹉嘴龙的骨架

突然，一只只有十几厘米的小小的哺乳动物从树洞口飞快地跑了过去。这是一只张和兽。它正在被一头年轻的中华龙鸟追赶着。中华龙鸟非常喜欢捕捉这些小型哺乳动物，在古生物学家所发现的中华龙鸟的化石中，就曾经发现过张和兽和其他小型哺乳动物的化石。这只张和兽的运气实在是太差了，刚刚跑了没有多远就被中华龙鸟给一口咬住，叼在了嘴里。

不过，中华龙鸟也没能享用到这顿美味大餐，刚刚抓到食物的中华龙鸟发现自己闯进了一头寐

龙的地盘。而现在，这里的主人正冲着它摆出愤怒的姿态。心虚的中华龙鸟只好丢掉了到口的美食，灰溜溜地转身逃掉了。

寐龙白白捡到了一份晚餐，它三两口就把小小的张和兽吞进了肚子里。正当它心满意足地打算在茂密的苏铁树丛里面打个盹的时候，一些体型巨大的不速之客却突然闯进了它的地盘。这是东北巨龙，这些大型的蜥脚类恐龙非常喜欢这片水边的丛林，在这里它们能找到充足的食物，不过寐龙就只好另寻一个过夜的好地方了。

吃得饱饱的寐龙把它过夜的地方选定在了一棵枯死的树干里面，夜晚就要到了，它打算在这里美美地睡上一觉，等到天快亮的时候再出去狩猎。

可惜的是，寐龙的计划只能到此为止了。远处的火山突然冒出了火光，大量的有毒气体从地面的裂缝和火山口中喷涌而出，还在睡梦中的寐龙就这样陷入了永久的沉睡。而生活在这片区域

的大部分其他动物也同样停止了呼吸，唯独像东北巨龙这样的大型蜥脚类恐龙由于身材高大而逃过了一劫。

　　紧接着，火山口喷发出了无数的火山灰和岩浆，厚厚的火山灰将这片丛林的一切都覆盖在了下面。生活在这里的生灵大多也都随着这场灾难被埋在了地层深处。直到1亿多年后，这片埋藏在灰烬之下的土地才被古生物学家们发现，我们才得以了解到曾经发生在这片充满生机的土地上的故事。

每期一问

热河生物群是被哪一种自然灾害埋藏起来变成化石的？

参考答案：火山喷发。

41

称霸马达加斯加岛的玛君龙

开门见山

在恐龙统治着地球的时代，这颗星球上大部分的地区都非常温暖湿润，生长着茂盛的植物和各种各样的动物。不过，当时的地球上也不是每一个角落都充满了绿色，也有一些地方既炎热又干旱，看上去异常荒凉。下面科学队长就带领大家一起回到 7 000 万年前的白垩纪晚期，去一个干旱又荒凉的地方，看一看那里的恐龙和别的动物们是如何在艰苦的自然环境中生活的。

队长开讲

科学队长
Captain Science

这是南太平洋上的一个岛屿。这个岛现在一部分覆盖着非常茂盛的热带雨林，也有一部分是高原和丘陵。有一系列小朋友们非常喜欢的动画电影就是用这个岛的名字命名的呢。没错！这个岛就是马达加斯加岛。马达加斯加岛原本属于印度次大陆的一部分，不过在 9 000 万年前它却分离了出来，变成了一座岛屿。

在 7 000 万年前，马达加斯加岛上的气候和现在可不一样，那时马达加斯加岛非常炎热，季节分为旱季和雨季。内陆非常干旱，而大部分生物都集中生活在海岸附近的冲积平原地带。科

玛君龙的还原图

学队长下面要讲的主角同样也生活在这里，它就是马达加斯加岛上最大的掠食动物——玛君龙。

玛君龙的身长有 8~10 米，像公共汽车那么长，它属于阿贝力龙科，这一类群的恐龙属于大型兽脚类恐龙。怎么识别阿贝力龙科恐龙？科学队长告诉你们，它们有一个比较明显的特点，就是头骨又短又结实，头顶上还有小小的角状结构。它们的历史可以追溯到侏罗纪中期，著名的食肉牛龙就属于这个家族。在阿贝力龙科中，最

食肉牛龙的骨架

著名的几种恐龙大多数分布在白垩纪晚期的南半球。在它们的化石最初被发现的时候，古生物学家们还曾经以为这些恐龙是生活在南半球的暴龙科呢。

还是跟着科学队长把目光移动到玛君龙统治着马达加斯加岛的时代吧。在离海不远的一片树林中，一头成年的雌性玛君龙正在守护着它的巢穴。在巢穴里面，几枚恐龙蛋安静地躺在那里。玛君龙妈妈产下这些蛋已经有一段时间了，过不了多久它们就会开始孵化，然后小玛君龙们会跟着"妈妈"四处捕猎。但是现在，它们还只能老老实实地躺在"妈妈"筑好的巢穴里。

玛君龙妈妈非常饥饿，它已经有相当长一段时间没有外出猎食了。虽然玛君龙是这座岛屿上最强大的掠食者，但是毫无防备的恐龙蛋依然是小型肉食动物最喜爱的美食之一。就在玛君龙妈妈忍耐着饥饿的时候，一丝腐肉的味道让它提起了精神。闻得到腐肉的味道就意味着不远的地方可能有食物存在，它立刻从巢穴边上站了起来，

摇晃了几下抖掉身上的尘土，向腐肉味飘来的地方走去。

气味的来源是一头已经死去有一段时间的掠食龙，在太阳光的炙烤下，这头大型蜥脚类恐龙的尸体散发出浓烈的气味。掠食龙的尸体位于几公里外的一处河滩上，离它的巢穴并不远，可能是因为风向的改变才让它终于发现了这具尸体。好几只小小的胁空鸟龙正围在食物边上，撕扯着上面的碎肉。玛君龙低吼着走上前去，胁空鸟龙们顿时四散而逃。虽然对于它这样强大的肉食动物来说，身长还不到 1 米的胁空鸟龙根本构不成什么威胁，但出于顶级掠食者的本能，它还是不希望和这些小家伙们分享好不容易才发现的美餐。

玛君龙妈妈低下头从尸体上面撕下大块的肉吞吃下去。说不定什么时候就会有其他玛君龙来抢夺这顿美餐，它必须尽快吃掉足够多的肉。它的担忧是对的，很快，就有另外两头大块头的雄性玛君龙出现在掠食龙的尸体附近。

玛君龙妈妈必须要尽快离开了，对于在这样干旱的

玛君龙和掠食龙的骨架

环境中生活的它们来说，自己的同类也会出现在晚餐的菜单上。如果想要和比自己更大的雄性玛君龙争夺猎物的话，很有可能自己也会成为其他玛君龙的食物，就和眼前的掠食龙的尸体一样。同类相食也是玛君龙的特点之一。从已经发现的玛君龙化石来看，许多化石的骨骼上面都有被牙齿啃咬过的痕迹，而这些痕迹恰恰属于玛君龙。

还没有等它彻底离开，身后就传来了可怕的争斗声。两头刚刚出现的玛君龙已经为了这一份腐烂的食物撕咬了起来。或许，其中一头玛君龙今天也要成为另一头玛君龙的晚餐了。

玛君龙妈妈加快了离开这片战场的步伐，也许过几天它再回来的时候，还能够吃到一些"剩饭剩菜"，不过此刻能够安全撤退，玛君龙妈妈已经心满意足了。

回到巢穴附近，玛君龙妈妈一下子警觉了起来，因为巢穴里面正传来幼龙求救的叫声！它飞快地赶回巢穴，发现自己的蛋已经开始孵化了，

而一条巨大的玛德松那蛇正盘在巢穴边上，想要吃掉刚刚孵化出来的幼龙！

玛德松纳蛇是一种生活在白垩纪晚期的巨型蛇类，它的身长能够达到 6 米以上，是一种非常可怕的大蛇。它与现代的蛇类有一点不同，就是它并不能吞食比自己嘴巴大太多的猎物，所以玛德松纳蛇并不会对大型恐龙构成什么威胁。但它非常喜欢偷袭恐龙的巢穴，吞吃里面刚刚孵化出的幼年恐龙。

见到自己的宝宝遭到袭击，愤怒的玛君龙妈妈冲上去狠狠地咬住玛德松纳蛇的头部。不甘示弱的大蛇一下子缠住了玛君龙妈妈的脖子，两头巨兽就这样打斗在了一起。

大蛇缠绕的力量非常强大，玛君龙妈妈很快就感到呼吸困难了。不过玛君龙妈妈强大的咬合力帮助它取得了胜利，结实的头骨和强壮的肌肉也为它提供了非常大的力量。在两头巨兽僵持的过程中，玛德松纳蛇的脖子被玛君龙咬断了。

大蛇的身体从玛君龙妈妈的脖子上缓缓地滑落在地。经过这场惊险的争斗，不光是玛君龙妈妈可以饱餐一顿蛇肉，刚刚出生的孩子们也可以有一段时间不用挨饿了。

每期一问

玛君龙会吃自己的同类吗？

🦴 玛君龙的骨架

⊕参考答案：会。

42 窃蛋龙是"贼"吗？

扫一扫
听科学家讲科学

开门见山

这一期科学队长要给大家讲的这个故事和古生物学历史上一桩著名的冤案有关。究竟是谁被冤枉了呢？让我们把时钟拨回到20世纪的20年代，看一看我们所说的这桩"冤案"究竟是怎么产生的吧。

队长开讲

1923年的7月，蒙古的戈壁沙漠在烈日的炙烤下显得格外炎热。沙漠里到处都是风化的岩石、枯死干燥的植物和一望无际的黄沙，只有很少的植物在岩石的缝隙中艰难而又顽强地吐露出一点点绿色。这里非常荒凉，方圆数十公里，甚至上百公里都难以见到人烟。不过在这里却有一支探险队在荒漠中艰难地跋涉。他们驾驶着老式的道奇汽车，这些汽车在风沙的摧残下发出了"吱吱嘎嘎"的声音，在车队的后方还有为数众多的骆驼为他们托运食物。

这支探险队的领队是美国探险家和博物学家罗伊·查普曼·安德鲁斯，他率队深入这一片大漠是想要寻找一些古代人类的遗迹。不过他并没能够得偿所愿，古人类的遗迹和化石一点都没找到，但却发现了另外一些十分有价值的东西：很多恐龙的化石。这里的化石包括原角龙、伶盗龙等，更令人惊奇的是，他们首次发现了恐龙蛋的化石！在一个类似土丘的巢穴中，排列着许多卵圆形的恐龙蛋。原角龙的化石分布在附近，还有一头体型不大的兽脚类恐龙的化石则倒在巢穴的边上，它的头颅骨已经破碎了。

🦕 窃蛋龙的蛋化石

看起来，似乎是这一头兽脚类恐龙想要偷吃原角龙巢穴里面的恐龙蛋，但是却遭到了巢穴主人的疯狂攻击，结果命丧黄泉。于是古生物学家们将这头兽脚类恐龙命名为"窃蛋龙"，意思是"偷蛋的贼"。可能是为了说明这头恐龙曾经盗窃过原角龙的蛋，还特意将它的全名命名为"嗜角窃蛋龙"，意思是喜欢吃原角龙蛋的窃蛋龙。

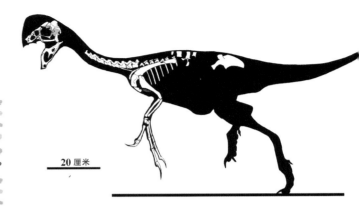

20 厘米

🦕 窃蛋龙的骨架图

故事讲到这里，似乎一切都顺理成章。窃蛋龙偷窃原角龙的蛋的"罪行"可以说是证据确凿了。可是，事情并没有就此完结，关于窃蛋龙和恐龙蛋的研究仍然在进行之中。

🦕 嗜角窃蛋龙头部还原图

一转眼到了1977年，有科学家研究认为，窃蛋龙的喙状嘴非常有力，足以咬碎它们生存区域中发现的软体动物，如蛤蜊和螺类的硬壳。其他的一些窃蛋龙类恐龙的化石显示，它们的胃里曾经出现过用来磨碎植物的胃石以及蜥蜴的化石碎片。这些信息似乎告诉我们：在窃蛋龙的菜单上，恐龙蛋并非唯一的选择。

另外的一些化石也提供了不一样的证据。有几件窃蛋龙的化石呈现出整个身体都蹲伏在一堆恐龙蛋上面的姿态，看上去这些窃蛋龙并不像是在偷窃恐龙蛋，而是正在保护和孵化自己的蛋。

最后，更加有力的证据出现在 1993 年。在一个被认为是原角龙的蛋化石中，古生物学家们却发现了窃蛋龙类的胚胎！

现在，让科学队长来梳理一下证据吧。首先，窃蛋龙的食物更有可能是当时资源非常丰富的软体动物和诸如蜥蜴这样的小动物；其次，窃蛋龙孵蛋的化石告诉我们，这种恐龙具有孵化和保护自己的蛋的习性，这一点和它们生活在现代的远亲鸟类非常相似，就连孵蛋的动作都如出一辙；最后，决定性的证据是在原本被认为是"龙

赃俱获"的恐龙蛋中发现了窃蛋龙类的胚胎，原来被认为是原角龙的蛋化石，结果却是窃蛋龙自己的蛋。

真相终于大白了。原来，安德鲁斯的探险队发现的"窃蛋龙偷窃原角龙蛋"的化石并不是一个盗窃恐龙蛋的犯罪现场，这头"窃蛋龙"实际上是一位急于回到巢穴去保护自己孩子的"家长"。可是科学队长要告诉你们，这个时候窃蛋龙的名称早已经被确定了下来，虽然我们现在知道这个命名只是一场误会，可是按照学术界对于生物的命名规则来说，窃蛋龙"偷蛋的贼"的名字却不能更改了。

我们可以在脑海中勾勒出这样一幅情景：在距离现在 7 500 万年前的白垩纪晚期，戈壁地区还有非常多水草丰美的绿洲。小小的湖泊安静地躺在植物环绕的绿洲中心，恐龙和其他的动物就生活在这样珍贵的水源附近。巨大的翼龙拍动着翅膀从天空中飞过。我们的窃蛋龙低下头去，从水边的淤泥里面挖掘出了一只硕大的蛤蜊。它小

心地将蛤蜊叼在嘴里，然后用坚硬的喙将蛤蜊的硬壳咬碎，把里面肥美的肉吃进肚子里。这头窃蛋龙连续吃掉了好几只蛤蜊，这些天来它一直在守护自己的蛋，实在是饿坏了。不过还没等它填饱自己的肚子，就听到了巢穴方向传来了其他恐龙的叫声。

窃蛋龙赶忙向着自己的巢穴跑去。还好，出现的是一群原角龙。它们虽然数量众多，不过对巢穴里面的龙蛋却没有什么威胁。安下心来的窃蛋龙于是便安稳地蹲坐在巢穴上，继续它孵蛋的工作。

紧接着，周围刮起了大风，沙暴开始了。这样的气候在当时非常常见，原角龙们聚集在一起抵御风沙，而窃蛋龙则用身体护住了自己的蛋，等待着沙暴过去。

葬火龙的蛋化石

可是，谁也没有想到的是，这次沙暴大得惊人，不光是原角龙和窃蛋龙，就连整个绿洲都被遮天蔽日的黄沙给掩盖了起来。随着时间的推移，原本生活在这里的恐龙们自然也就成为厚厚的沙子下面的化石。直到几千万年后考察队到来，它们才再一次重见天日。不巧的是，就在它们的化石被发现的同时，这桩由于误会引起的"冤案"却给窃蛋龙带来了抹不掉的"恶名"。

每期一问

窃蛋龙真的喜欢偷盗别的恐龙的蛋吗?

43

拍电视挖出的大发现
——二连巨盗龙

扫一扫
听科学家讲科学

开门见山

这是一个位于我国和蒙古国交界处的盆地，现在隶属内蒙古的二连浩特市。你们可别小瞧了这块盆地，这里可是我国著名的恐龙化石产地之一呢。下面就跟着科学队长一起，去听听科学队长亲自经历的恐龙故事吧！

队长开讲

这个故事发生在内蒙古自治区的二连盆地。早在 1922 年，美国自然博物馆中亚考察团就在这里发现了一些恐龙化石。1923 年他们再来时，又有了新收获，发现了世界上第一枚恐龙蛋化石。

新中国成立以后，1959 年，中国和苏联曾对这里进行了首次联合考察。之后，又进行了多次考察，发现了一系列恐龙化石，如鸭嘴龙、鹰龙、镰刀龙类……对了，还有苏尼特龙！这故事就因苏尼特龙而起。苏尼特龙是长脖子的植食性恐龙，体长能有 9 米左右，虽然在蜥脚类恐龙中不算大个子，但也不是小家伙。

二连浩特的一系列恐龙发现引起了中外不少媒体的兴趣，其中就有著名的日本国家电视台：NHK。

2005 年 4 月，NHK 组成的摄制组来到了二连浩特，准备做一个科普节目，报道这里发现的恐龙，特别是苏尼特龙的发现过程。

二连浩特景观大道恐龙模型

恰好，当时我们的科学家也正在这里进行发掘工作，当时带队的是内蒙古的古生物学者谭林老师。对于科普节目，我们是比较欢迎的，它不仅可以让公众了解科学家的工作，也能传播科学知识和科学思想。

在发掘现场，随处可见的恐龙化石骨骼碎片让摄制组非常兴奋。他们完全没有料到二连盆地具有这样丰富的恐龙化石资源。如果能在这样的环境中拍摄一组恐龙化石发掘过程的镜头该多好

呀！再能借助这里的条件，把发掘苏尼特龙的现场再现出来，那就更完美了！

不过，现场大多数化石都比较碎、比较小。

后来，摄制组从考察队的成员小杨那里得到消息：在不远处干涸的河岸上暴露出了一块比较大的化石，还没来得及发掘，很可能是苏尼特龙的化石。

于是，摄制组就拽上我和谭林老师，要借这块化石来展现苏尼特龙的发掘过程。

我们来到化石的埋藏地。这应该是距今大约8 000万年前的白垩纪晚期地层，也就是恐龙生活的年代。我和谭林老师一边用刷子轻轻刷去化石表面已经松软、风化的岩石，一边讲解苏尼特龙的发现过程和价值。

然而，随着化石越来越多地暴露出来，我感觉到有点不对劲了，特别是那个股骨头关节面，

怎么也不像苏尼特龙的。相反，更像是肉食恐龙的……我和谭林老师交流了一下眼神，看来是闹出了个乌龙！

我赶紧示意摄像师停止拍摄，告诉他们，这不是苏尼特龙。

我们意识到，可能有新发现了，赶紧联系了整个考察队。大家都很兴奋，马上就投入对这条恐龙的发掘过程中来了。

随着一块块化石的出土，我感觉自己的身体都有点僵硬了——这是个大家伙，像暴龙那么大！说不定真是一头暴龙呢！

发掘化石就是这样，有的时候，我们一连工作几十天甚至更长时间都没有好的收获，而突然间，你们可能就会遇到一个大发现。当然，前提条件是，你们得坚持住，耐得住寂寞。

从野外回到实验室，我们对这具恐龙化石进行了修理。这时候，我们才注意到，这个发现比之前想的还要好。这不是一头暴龙，而是一头窃蛋龙类恐龙。然而，它比普通的窃蛋龙大太多了，它的体长有 8 米，站立高度超过 5 米，是相当壮观的。而窃蛋龙类通常体型是很小的，这就使得它非常独特。最终，我们为它定名为"二连巨盗龙"。

二连巨盗龙还原图

二连巨盗龙体型和人体比较

8 米

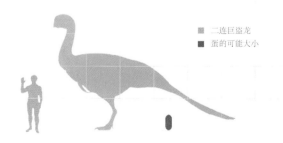

■ 二连巨盗龙
■ 蛋的可能大小

不过，这个大个子的身体却是相当轻盈的，估计它生前的体重大约只有 1.4 吨。相对同等体型的恐龙，它的腿更加纤细。扫描结果显示，它的骨骼中存在海绵状结构，这应该可以减轻它的体重。各种因素综合在一起，使它成为一个敏捷的快速奔跑者。

虽然没有证据，但我们相信，二连巨盗龙和它的窃蛋龙亲戚一样，身上披着羽毛，在外观上非常像一只巨型的鸵鸟。如果真是如此，这头有羽毛的恐龙真是大得有点超乎想象了。不过，说不定它的同族还会再大一点。根据我们的测定，这条恐龙在死亡时只有 11 岁，刚刚进入成年期，如果再给它一点时间，它也许还能继续长大。

而且，二连巨盗龙的出现也颠覆了我们之前的认知。我们之前虽然认为鸟类是从恐龙演化过来的，但我们却认为，恐龙越大，就会越不像鸟，鸟类应该更接近小型恐龙。二连巨盗龙的发现告诉我们，鸟类的演化过程，比我们想象的要更复杂。

🦴 二连巨盗龙骨架

最后，这个还算不错的发现于 2007 年 6 月 14 日发表于英国的《自然》杂志，同一年被《时代》杂志评为"年度十大科学发现"之一。虽然这个发现得到了认可，但是关于二连巨盗龙，还有很多谜题没有解开，比如它到底是吃素还是吃荤？它脊椎上一些特殊的孔洞有什么作用？等等。这些都有待我们进一步研究。

● 每期一问

二连巨盗龙是生活在什么时期的恐龙？

每期答案：白垩纪晚期。

44

来自阿拉斯加的迁徙部队
——厚鼻龙

扫一扫
听科学家讲科学

·开门见山·

说到北极，你们是不是就想起一望无际的冰原和可爱的北极熊呢？下面，让我们拨动时间的指针，带你们回到距今 7 000 万年的白垩纪晚期，来到北极圈，讲讲生活在阿拉斯加的恐龙的故事。

队长开讲

7 000 万年前的白垩纪晚期，阿拉斯加已经随着地球板块的运动到达了今天的位置，气候却比今天的北极温暖得多，至少结冰的日子并不多，而那里占据主导地位的动物，是恐龙。这时的植物与恐龙生活的其他地质年代有了明显的区别，被子植物已经开始兴盛，茂密森林的上层是每年都会落叶的针叶植物，而各种有花植物、羊齿植物和苏铁组成的混合植被构成了森林的中层和下层。

在这里生活着一种非常著名的恐龙，个子很大，足有 8 米长，就像一辆小型公共汽车，它的头后有宽大的颈盾……嗯，说到这里，你们可能已猜到了——它是角龙。前面我们讲了三角龙和原角龙，它们是白垩纪时期挺常见的恐龙。不过，生活在阿拉斯加的角龙，眼睛后面长了像犀牛一样的短角，鼻子看起来很高，很厚重，推测能用来顶住敌人。因此，这种角龙也叫作"厚鼻龙"。

看，这个家伙正沿着林地的边缘行走。咦？

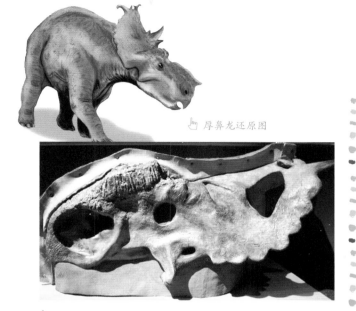

厚鼻龙还原图

厚鼻龙的头部化石

又过来了一头，然后，又有一头……哇！好多头！这些厚鼻龙的队伍一眼望不到边。它们有大有小，大的在队伍的外侧，小的则被保护在队伍的中间。它们要去哪里呢？

原来，这时的阿拉斯加已经有了非常分明的四季。现在，正是秋季。一旦冬季到来，不仅大地要变冷，极夜也将降临。你们知道极夜吗？就是几个星期甚至更长一段时间都见不到太阳！植物在那时候几乎无法生长，而吃草的厚鼻龙就要面临又冷又饿的局面。因此，它们要赶在冬季来临之前，向南迁徙。

这些厚鼻龙就像今天非洲迁徙的角马一样，从各地汇集过来，然后沿着古老的地理走廊缓缓前进。不同的是，角马为追逐雨水和牧草而去，厚鼻龙则是被即将到来的严寒所驱赶。它们一刻都不能停歇。因为一旦掉队，就将意味着悲惨的命运——在迁徙队伍的后方，肉食恐龙正远远地跟着。

看到那些身影了吗？就是看起来很像霸王龙、游走在厚鼻龙队伍边缘的黑影？它们是艾伯塔龙。没错，它们属于暴龙家族，体型和厚鼻龙差不多，但是由于两腿直立行走，它们的身材要更加高挑一些。有些人也管它们叫"蛇发怪女龙"，听起来就很恐怖的样子。然而，实际上它们并没有怪异的头发，倒是具有暴龙家族那鲜明的小短手，就像小一号的霸王龙。

☝ 艾伯塔龙的骨架

☝ 艾伯塔龙的头骨

通常，艾伯塔龙不会直接冲击厚鼻龙的队伍，因为这些脾气暴躁的角龙并不好惹，而且一旦被厚鼻龙围攻，那就万劫不复了。不过，艾伯塔龙会袭杀那些掉队的厚鼻龙。它们跟随着厚鼻龙一同迁徙，倒下的厚鼻龙就是它们的食物。

在更远处，有一些更小的恐龙在张望着。哦！是伤齿龙。它们是杂食动物，准备顺路捡一点艾伯塔龙剩下的残羹冷炙来吃。不过，伤齿龙只是顺手牵羊，混口饭吃而已。它们进化出了独特的眼睛，能够在极夜环境里捕猎，没有必要随着厚鼻龙群迁徙。它们将留守在这里。当然，漫长的冬季肯定不会太舒坦，伤齿龙要尽可能地多积攒一些营养。

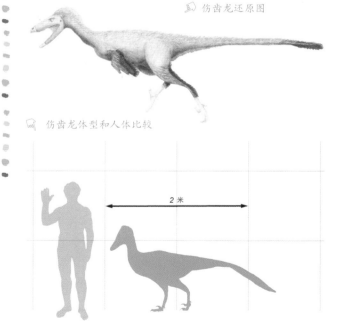

☝ 伤齿龙还原图

☝ 伤齿龙体型和人体比较

2 米

咦？厚鼻龙的队伍似乎慢下来了。让我们去队伍的最前端看看发生了什么事情。

哦，原来它们遇到了一条大河，河水看起来很宽阔。

前排的厚鼻龙在河边驻足，密密麻麻地排在一起，似乎相当犹豫。

最终，前往越冬地的希望战胜了恐惧。一头厚鼻龙吼了起来，然后是另一头，再一头……"吼！""吼！吼！""吼！吼！吼！"

吼叫声响彻了大地，惊起了一群群飞鸟。

紧接着，水花飞溅，厚鼻龙群开始渡水了！小恐龙在大恐龙的保护下也纷纷下水。河水被搅起一片混浊。

……

渡水持续了很久。

当最后一头厚鼻龙渡过河流时，河流下游的拐弯处，已经有食腐的鸟类、翼龙和其他恐龙聚集。大自然就是这样残酷地淘汰了弱者，那些不幸被淹死的厚鼻龙被冲到了这里，成为这些食腐者的饕餮盛宴。

就这样，队伍穿过了森林、河流和草地，走过了一个又一个山谷，也失去了一个又一个同伴。终于，厚鼻龙们来到了它们世世代代越冬的地方。好在大多数厚鼻龙都成功完成了迁徙。

队伍散开了。不同的家族前往各自生活的场所。

时光飞逝，冬去春来。

随着一声声高亢的吼叫，厚鼻龙们又躁动了起来。那些成年的厚鼻龙开始汇集起来，它们又要准备向北迁徙了。这一次，年幼的厚鼻龙们没有赶来，它们要在南方继续生长，直到它们成年。这些成年的厚鼻龙将前往北方，到那里交配，利用北方夏季爆发出来的茂盛植被来哺育后代，并在秋季将这些后代带回南方。

同样，艾伯塔龙们也聚集了起来，追逐着它们的猎物前往北方。一年一度，代代轮回。

由于白垩纪时期阿拉斯加地区的气候变化，科学家们相信，很多恐龙会像今天的候鸟一样南北迁徙，厚鼻龙们很可能就是其中之一。当然，这样的迁徙会充满了艰辛。动物的生活就是这样，要付出很大的努力才能活下去，才能维持种群的繁衍。当然，也正是这种艰难的生活，推动着生物不断发生着演化。

每期一问

厚鼻龙为什么要向南迁徙？

参考答案：为了生存和维持种群的繁衍。

45

以小搏大的猎手
——恐爪龙

扫一扫
听科学家讲科学

●开门见山●

你们知道吗？早在1亿多年前，地球上就已经有了高明的猎手。下面就跟着科学队长一起，回到1.15亿年前的白垩纪早期，拜访一下这位高明的猎手，看一看它是如何利用团队的力量捕捉大型猎物的吧！

●队长开讲● 科学队长 Captain Science

在纪录片《动物世界》里，我们经常可以看到北美洲雪原上的狼群捕猎野牛，非洲大草原上的鬣狗捕捉角马，等等。掠食者利用团队协作的方法对猎物进行围追堵截，采取分割包围的策略把弱小的食草动物从群体中分隔开来，从而捕杀到体型比较大的猎物。而食草动物则利用群体保护自己，还会借助其他动物的力量提早发现天敌。每次看到这些讲述生存的故事，科学队长都不禁对这些聪明的动物感到惊叹。但是，早在1亿多年前，地球上就已经有这样高明的猎手了，它们进行过与上面这些故事十分相似甚至更加精彩的狩猎。

我们所说的这位猎手生活在北美洲，有一个威风凛凛的名字——恐爪龙。恐爪龙，顾名思义，"恐怖的爪子"。在白垩纪早期，北美大陆和地球上大部分地区一样，生长着茂密的丛林。一条大河在丛林中穿过，在几公里外的地方汇入大海。滚滚的河水带来了丰富的养分，让这片三角洲地区变得富饶异常。数不清的动物生活在这片茂盛的丛林中，享受着自然赐予的恩典。

🦕 恐爪龙还原图

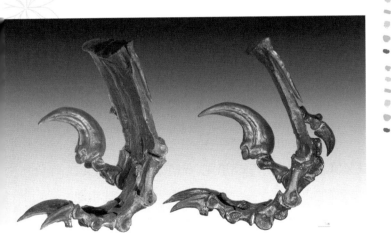

🦕 恐爪龙的后脚部分骨骼模型

我们的恐爪龙，就生活在这样的丛林之中。恐爪龙身长大约 3 米，属于驰龙科恐龙。和它的亲戚们一样，恐爪龙身上也披着像鸟类一样的羽毛。它们的嘴巴里长着刀子一样的牙齿，灵活的前肢让它能够在捕猎的时候牢牢抓住猎物，而后肢上像弯刀一样的第二趾则是它狩猎的利器。恐爪龙后肢第二趾上的趾爪大约有 12 厘米长，看上去就像一把锋利的匕首。古生物学家们发现它的化石时就被这个巨大的爪子惊呆了，"恐爪龙"这个名称也就由此而来。

快看，一头恐爪龙正穿行在低矮的灌木丛中。它的速度很快，却没有发出一点声音。身上羽毛的花纹为它提供了很好的掩护，很少有动物能发现在这片丛林中巡逻的它。当然，这头恐爪龙并不孤独，它的同伴们就在离它不远的地方跟随着它的脚步。五头恐爪龙在丛林里排成一条直线前行，现在，它们正在寻找猎物。

恐爪龙的猎物并不难找，就在河流上游不远的地方可以看到一些高大的身影——许多巨大的蜥脚类恐龙正在觅食，它们是波塞东龙。波塞东龙身长可以超过 30 米，非常高大，它们的头甚至超过了丛林的树冠。不过，这种庞然大物可不是恐爪龙的猎物。之所以说恐爪龙的猎物并不难找，是因为有另一群恐龙总是和巨大的波塞东龙一同行动。恐爪龙只要找到波塞东龙，就意味着它们十有八九也找到了自己的猎物啦。

在楼房下面的中型汽车一样。它们总是跟在波塞东龙的身后，当波塞东龙行走或者进食的时候，腱龙就会去寻找那些被波塞东龙撞倒的树木，树梢上的叶子就是它们的美餐。对于腱龙来说，巨大的波塞东龙不仅能帮忙提供食物，还能够充当天然的保镖。波塞冬龙巨大的身躯足以吓退大多数的掠食者，或者在更加强大的敌人，比如高棘龙出现的时候充当后卫。是不是很机智呢？

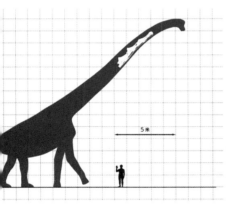

🦕 波塞东龙体型与人体比较

🦕 腱龙骨架

被恐爪龙当成猎物的恐龙就是腱龙。这是一种身长 6~8 米的植食性恐龙，属于禽龙类。比起巨大的波塞东龙，腱龙显得非常矮小，就像停

可是腱龙的计策并不能骗过聪明的恐爪龙们。当这一群恐爪龙发现腱龙的时候，两头强壮的恐爪龙第一时间就埋伏在了腱龙与波塞东龙之

间的灌木丛里，而腱龙对此还一无所知。另外有一头恐爪龙正缓慢地靠近腱龙群，它已经看准了其中一头年老体衰的腱龙，现在正在想办法利用灌木的阴影潜入腱龙群中这头老年腱龙身边。而其余的两头恐爪龙则早早地埋伏在了老腱龙逃跑的方向上，就等着猎物自投罗网了。

腱龙们还不知道一张危险的大网已经罩了下来，还围在一棵倒在地上的树周围吞食树叶。突然，从波塞东龙群的方向传来了一声凄厉的嚎叫，警觉起来的腱龙们好像上了发条一样开始疯狂逃窜。然而，最初的两头恐爪龙已经从藏身的灌木丛里跳了出来，单独行动的恐爪龙飞快地冲上前去，一边发出威吓的叫声，一边挡在了老年腱龙与腱龙群的中间。就在短短的几十秒钟之间，这头年老体衰的腱龙已经从群体中被隔离了出来。仗着较大的体型，老腱龙试图撞开恐爪龙的包围回到群体中去，不过三头包围过来的恐爪龙一次次地攻击它，老腱龙并不能成功地突出重围。

当老腱龙还在与追赶它的恐爪龙对峙的时候，从前方的树丛中又窜出两个黑影，这就是刚才已经埋伏好的最后两头恐爪龙，它们才是这次狩猎的关键所在。两头恐爪龙高高地跳起，用脚上锋利的爪子狠狠刺进了老腱龙的脖子和身体。就在猎物因为它们的攻击停止奔跑的时候，其余的三头恐爪龙一拥而上，用爪子和牙齿狠狠地撕咬这头落入了包围圈的腱龙。

恐爪龙的骨架

没过多久，老腱龙就失去了反抗能力，沦为恐爪龙们的一顿大餐。而狩猎成功的恐爪龙们并不能掉以轻心，它们需要尽快吃下尽可能多的食物，防止刚刚到手的猎物被更加强大的肉食动物夺走。

根据对生活在现代的肉食动物的研究，例如狼群和鬣狗，科学队长认为，在狩猎和打斗中，即使是成群狩猎的恐爪龙也并不是每一次都能成功地捕捉到猎物。年轻的恐爪龙需要经过不断的失败才能够积累到足够的经验，最终成为它们那个时代最高明的猎人。

● 每期一问 ●

波塞东龙是恐爪龙的猎物吗？

每期答案：业晋。

46 热情的舞者——高棘龙

扫一扫
听科学家讲科学

开门见山

说到北极，你们是不是就想起一望无际的冰原和可爱的北极熊呢？下面，让我们拨动时间的指针，带你们回到距今7 000万年的白垩纪晚期，来到北极圈，讲讲生活在阿拉斯加的恐龙的故事。

队长开讲

这个故事要从2016年的一项研究说起。

在美国的科罗拉多州，古生物学家们在一片白垩纪的岩层中发现了一些奇怪的痕迹。他们认为，这些岩石上的痕迹看上去像是巨大的爪子在地上反复刨挖形成的浅坑，可是这些浅坑到底是用来做什么的呢？又是什么动物挖掘了这些浅坑呢？关于这种远古时期的动物遗留下来的痕迹，下面科学队长来带大家一起来慢慢分析。

巴拉斯河地区发现的兽脚类恐龙足迹

从时间上来说，这些化石痕迹所在的岩层形成于 1.1 亿年前到 1.2 亿年前，也就是白垩纪时期；从地点上来讲，就是刚提到的美国科罗拉多州；至于痕迹的形状，像是巨大而又尖锐的爪子在地上不断挖掘形成的比较浅的凹陷。

有了这些证据，我们可以开始思考：巨大而又尖锐的爪子显然属于一种大型的兽脚类恐龙，而生活在大约 1.1 亿年前的北美洲地区的大型兽脚类恐龙有哪些呢？没错！就是高棘龙。高棘龙是一种身长 10~12 米的大型兽脚类恐龙，它的颈部、背部和尾部的大部分脊椎骨上面都有比较长的神经棘，这些神经棘连成了一条从颈部到尾部的隆脊，在隆脊上还附着很厚的肌肉，高棘龙因此而得名。

那高棘龙究竟为什么要在地上挖掘这种浅坑呢？答案就是——供雌性产卵。高棘龙刨坑的动作就像一种热情的舞蹈，向心仪的雌性求爱。作为恐龙的远亲，现代很多鸟类在求偶的时候也有

高棘龙的骨架

着类似的行为。我们有足够的理由相信，这种"舞蹈"就是高棘龙的求爱方式。雄性高棘龙在地上挖掘浅坑，是为了展示自己挖掘巢穴的能力，来获得雌性的青睐。对于它们来说，在地上挖掘浅坑的行为就好像在对雌性说："快看我多厉害，我能建造好多巢穴，快嫁给我吧！"或许在雌性高棘龙们的眼里，能够挖掘理想巢穴的雄性就是最好的交配对象呢。

高棘龙的头骨

我们这一期的主角是一头非常强壮的年轻雄性高棘龙，它正从藏身的树丛之中走出来，慢慢地走向它的领地边界。每天巡逻自己的领地，不仅是为了寻找食物，也要确保没有其他的同类溜进它的地盘捕捉本属于它的猎物，以及赶走那些企图抢占它的领地的高棘龙。不过这一次有一点特别，这头高棘龙身上的花纹变得比以往鲜艳得多，在它的背上，高高隆起的隆脊也显露出吸引异性的颜色。看来繁殖期已经到了。

在体内激素的作用下，雄性高棘龙显得有些

恐爪龙捕猎的想象图

焦躁不安。它不断地用身体摩擦树干，在倒下的枯树上面磨爪子，并且用身体撞断了一些小树。在一片丛林的边缘，它看到了三头正趴在猎物身上大吃大嚼的恐爪龙。这几头恐爪龙刚刚抓到了一头年老体衰的腱龙，现在正在拼命地填饱自己的肚子。高棘龙被聚集起来的恐爪龙搅得心烦意乱，它大吼着冲上去把恐爪龙们赶走了。

不过高棘龙并没有霸占这份丰盛的大餐，因为它前天刚刚饱餐了一顿波塞东龙的肉，现在并不感觉饥饿。而让它毫不犹豫地抛弃美食离去的原因，却是远处另一头高棘龙发出的吼声。

那是一头漂亮的雌性高棘龙。它刚刚发出了呼唤同类的吼声，我们的雄性高棘龙顺着声音的方向赶了过来。不过它并不是唯一的雄性高棘龙，在雌性高棘龙的周围已经聚集了好几头雄性高棘龙。这些雄性高棘龙正围着那头雌性高棘龙炫耀着自己，但这头雌性高棘龙看上去非常挑剔，它还没有选择其中的任何一头作为自己的伴侣。

在婀娜的雌性高棘龙面前，我们的雄性高棘龙也开始了自己热情的舞蹈。它一边昂起上半身，一边用后脚在地面上挖掘，同时还发出了响亮的叫声。它是这附近最强壮也是个头最大的雄性高棘龙，它对自己非常有信心。没过一会儿，一个适合雌性产卵的土坑就被它挖好了。周围的雄性高棘龙同样也在挖掘巢穴，不过它们却并没有引起雌性高棘龙很多的注意。

雌性高棘龙挑剔地端详了我们这一期的主角挖出的巢穴，又在它周围嗅了嗅，接着发出了满意的信号。很快，这两头高棘龙便结成了伴侣，而其他的雄性则被它们一起赶走了。

高棘龙还原图

结成伴侣的两头高棘龙将会共同生活一段时间。它们会共同巡视领地，捕捉猎物，并且选好适合筑巢的场所。几周之后，雌性高棘龙就会在雄性挖掘出的巢坑里面产下它们的蛋。

　　等蛋孵化出幼龙后，它们将在父母的照料下成长，直到能够独立生活。当这些幼小的高棘龙长大后，就又会跳起它们种族传承了很久很久的热情舞蹈。

· 每 期 一 问 ·

高棘龙为什么要跳舞？

参考答案：吸引雌性或雄性的注意。

恐龙时代的小羚羊
——棱齿龙

扫一扫
听科学家讲科学

·开门见山·

相信你们经常会看到大草原上猎豹追逐羚羊的画面，猎豹想方设法地接近羚羊，然后发起突然袭击，机敏的羚羊利用自己的耐力和跳跃的优势从猎豹手下逃生。不论对猎豹还是羚羊，这都是惊险刺激的求生之旅。之所以在讲故事之前提到猎豹与羚羊，是因为科学队长今天故事的主角就是一种与羚羊的生活状态非常相似的小恐龙——棱齿龙。

·队长开讲·

科学队长
Captain Science

"棱齿"，顾名思义，"高冠状的牙齿"。棱齿龙的个头非常小，身长大约 2 米，而它的脑袋只有人的拳头那么大。棱齿龙属于鸟脚类恐龙中的棱齿龙科，别看它们体型不大，它们却是中生代非常成功的一类恐龙。它们从侏罗纪中期一直生存到白垩纪晚期中生代结束，说棱齿龙科恐龙是恐龙鼎盛时代的见证者也毫不为过。棱齿龙非常灵活，能够飞快地奔跑，这也是科学队长把它比作羚羊的原因之一。假如你们在灌木丛里见到这种小恐龙，你们可能会把它错认成一只小鹿或者小羚羊呢。

棱齿龙还原图

在白垩纪早期，一个巨大的湖泊覆盖着欧洲北部的大部分区域。高大的松柏和杉树组成的丛林无比茂盛，蕨类和苏铁组成了比较矮的灌木林，在水边则生长着大片大片的木贼。我们这一期的主角棱齿龙，和很多动物一起，生活在这里。

黑夜已经过去，太阳从大山后面升了起来，阳光洒在一片浅水湖的水面上。成群的禽龙刚刚迁徙到这里，它们正用两条后腿站立，用前腿撑在树干上使自己能够吃到更高处的叶子。在禽龙的前腿上，有两个像钉子一样的爪，这是它们的防御武器。在禽龙觅食的柏树下面，长着两只大眼睛的小脑袋从一个特别大的树桩下面的洞口里面探了出来，棱齿龙们即将开始一天之中最重要的觅食工作了。

禽龙还原图

作为一种小型的植食性恐龙，棱齿龙必须时刻注意来自各个方向上的危险。比如现在正在远处浅水中呆呆站着的重爪龙。重爪龙身长约8米，它是巨型肉食恐龙——棘龙在欧洲的亲戚。别以为它现在正盯着湖水发呆，其实这头肉食恐龙正在寻找游动在水中的鳞齿鱼让自己美餐一顿呢。重爪龙长着一对非常巨大的爪子，它们能够利用这对大爪和自己狭长的嘴巴在水中捕鱼。相比起猎杀其他恐龙，重爪龙更加偏爱鱼类。尽管如此，重爪龙对于小小的棱齿龙来说还是太过危险了。

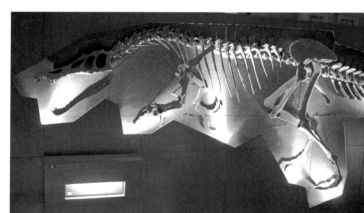

重爪龙的骨架

小心地避开重爪龙的视线，棱齿龙们从藏身的树洞里鱼贯而出。棱齿龙的牙齿能够互相咬合来咀嚼食物，因此它们可以吃一些比较坚硬的食物，例如植物的根茎、苏铁的叶子等。当然，棱齿龙也会咀嚼鲜嫩多汁的蕨类，这可是它们的最爱。几头棱齿龙在一片蕨类植物附近停了下来，用喙状嘴扯下软嫩的蕨类嫩芽，稍加咀嚼就吞进肚子里。

就在棱齿龙们吃得不亦乐乎的时候，两双眼睛也正在不远处的灌木丛里面盯着它们。这是两头驰龙类的联鸟龙，它们身长约 1.8 米，对棱齿龙这种体型的植食性恐龙来说，是非常危险的敌人。和其他驰龙科的恐龙一样，联鸟龙脚上也有锋利的钩爪。棱齿龙落单后一旦被几头联鸟龙盯上，恐怕就凶多吉少了。

借助灌木丛的掩护，联鸟龙渐渐地接近觅食中的棱齿龙们。沉醉于食物的棱齿龙还没有意识到危险，仍然专心致志地吃着蕨类的嫩芽。这一小群棱齿龙有十几头，联鸟龙们只要抓到其中一头粗心大意的棱齿龙，就能够美美地吃上一顿大餐了。

隐藏着的联鸟龙已经慢慢进入了适合追击棱齿龙的距离范围，不过它们仍然在等待一个比较好的机会，因为棱齿龙奔跑的速度非常快，一不小心就会被它们提前发现并且迅速逃掉。一头棱齿龙似乎听到了什么动静，警觉地抬起了头四处张望起来。不过它的注意力似乎被不远处捕鱼的重爪龙吸引了过去，所以并没有发现逐渐接近中的联鸟龙。过了一会，棱齿龙们又开始埋头进食了。

万事俱备，联鸟龙们猛地从藏身的阴影中窜了出来，但是一声吼叫让联鸟龙精心准备的狩猎行动化为泡影。刚刚还专心捕鱼的重爪龙发现另一头重爪龙侵入了它的领地，于是怒吼着冲过去想要赶走入侵者。结果这一声大吼吓到了联鸟龙，也提醒了棱齿龙。看到庞大的掠食者出现，棱齿龙们扭头就跑，还没等联鸟龙们从震惊中回过神来，这一群棱齿龙已经跑得无影无踪了。

◦ 重爪龙的骨架

们在危机四伏的环境里获得生机。大自然就是这样，不论是生活在遥远中生代的棱齿龙，还是与我们一起生存着的羚羊，尽管到处都是弱肉强食，却总有为生命点亮的一盏灯，让这个种族生生不息。

◦ 每期一问 ◦

棱齿龙生活在哪一个大洲？

运气拯救了棱齿龙们，不过在棱齿龙与掠食者们的生存竞赛中，棱齿龙不可能总是赢家。就像今天非洲草原上被猎豹捕捉的瞪羚一样，有时候猎豹成功地捕捉到瞪羚作为晚餐，有时候瞪羚成功逃脱猎豹的魔爪。在周围各种肉食恐龙的威胁之下生存，棱齿龙们必须更加警觉才行。对棱齿龙来说，小巧的身形、机敏的反应，帮助它

上期答案：非洲

48 长着超级大爪子的恐手龙

扫一扫
听科学家讲科学

开门见山

拥有庞大的身躯、站在食物链顶端的暴龙，却有着十分短小的前肢，这个反差是不是让你们印象很深刻呢？下面科学队长要讲的故事，也和恐龙的前肢有关。不过，和暴龙相反，这一期的主角体型比暴龙小，却是一个有着巨大爪子的家伙。让我们和科学队长一起回到距今 7 000 万年前的恐龙时代吧。

队长开讲　科学队长 Captain Science

这里是蒙古国南部，离我国内蒙古地区并不太遥远，湖泊和水塘星罗棋布，由于河流的冲击形成了沼泽和平原。在浅浅的水塘里，古荷花绽放，荷叶密密麻麻地形成了一片绿，几乎盖住了整个水面，只留下水塘中间的一方空间。岸边高高的水草，成了鸟儿们活动和筑巢的场所。"哗啦！哗啦！"，水声响起，惊起了一片飞鸟。一头好奇的恐龙从水草丛里探出脑袋，它的手上还抱着一枚没来得及吃完的鸟蛋呢。哎呀！是一个大家伙！

它大概有 10 米长、6 米高，体型和一头非洲象差不多，估计有 10 多吨重吧！背部高高地隆起来，两足行走的它好像一个驼背。等等，看它的手掌！这头恐龙有一双巨大的手掌，而在手指的末端，还有很长很长的大爪子。如果用尺子量一下，从它手臂根部到指尖，估计有 3 米长，

就像一层楼那么高。就凭这举世无双的大巴掌，它也绝对不是好惹的家伙。它就是极具特色的"恐手龙"。

恐手龙是在 1965 年被发现的，那时候科学家获得了一对大得惊人的手爪和一些散碎骨骼化石。最初，科学家以为有着巨大而犀利手爪的恐手龙很可能是一种强大的食肉动物。也有科学家联想到了爪子同样很长的树懒，还一度认为恐手龙能像树懒一样会爬树呢！后来，更多的恐手龙化石被发掘了出来，让我们完全了解了这种恐龙的体态——这么臃肿的家伙是不可能上树的。

身形健硕的恐手龙行动并不迅速。它每走一步，都会踩得水底泛起一团污泥。它缓慢走到了水塘的中心空地，驻足低头看着水面，似乎很出神。它在做什么？只见扬起的污泥一点点沉淀到水底，水面又变得宁静、清澈……突然，恐手龙的头猛地往水里一扎，当它再抬起头来的时候，嘴里居然多了一条大鱼！哇！恐手龙的嘴巴扁

🖐 恐手龙还原图

🖐 恐手龙体型与人体比较

恐手龙的爪子

平，很像鸭子的嘴巴。看来它以捕鱼为生，是一个会吃肉的大恐龙。

太阳慢慢西下，恐手龙的收获却并不丰盛。虽然它又抓了两三条鱼，但是这点食物和它巨大身体的需求相比，实在是太少了。还饿着肚子的恐手龙决定结束它的捕鱼活动，开始向水塘边走去，接近了那一大片的古荷花。

只见它把巨大的爪子往水里一伸，就像钉耙一样，连带着水面的古荷花、荷叶和沼泽中的莲藕，抓起了一大把，塞进了扁平的大嘴里。它似乎特别喜欢莲藕，吃了很多……其实，科学队长也喜欢莲藕，特别是凉拌的，吃起来又脆又甜，而且营养丰富，是非常理想的食物。

不过，这样的话，恐手龙好像并不是单纯的肉食恐龙，既然它还吃植物，那就应该是杂食性动物。不仅如此，科学家还在恐手龙的化石里发现了胃石，这是植食性恐龙消化系统的特征，而恐手龙的肚子里找到的鱼类残骸化石，证明恐手龙很可能是一种活动在水边的杂食动物。

恐手龙的觅食行动闹出了很大动静，吓跑了小恐龙，惊起了飞鸟，也招来了凶猛的肉食恐龙们。两头阿利奥拉龙注意到了这里，开始缓缓地向这里靠近。阿利奥拉龙也叫"分支龙"，属于暴龙家族。事实上，你们几乎看不出它和暴龙有多少区别，一样的大嘴巴，一样的小短手，只是个头略小。即使它们在体型上看起来不及恐手龙，但是，它们有两个头。

🖐 阿利奥拉龙还原图

个奇妙的场面——阿利奥拉龙有战斗力惊人的大脑袋和可以忽略不计的小短手；恐手龙则有战斗力可以忽略不计的扁脑袋，以及战斗力超群的大爪子。这场战斗，是脑袋和爪子的对决。

🖐 恐手龙的"双手"化石

恐手龙吃得很开心，但是它并没有放松警惕。阿利奥拉龙行走时带起的水花声引起了它的注意。恐手龙抬起头，循着声响望去，很快就发现了试图从身后接近自己的两头阿利奥拉龙。

"吼！"偷袭不成，两头阿利奥拉龙转而张开血盆大口，采取恐吓的姿态。阿利奥拉龙很希望恐手龙能够掉头就逃，这样，它们就可以从后面扑杀猎物了。然而，阿利奥拉龙并没能如愿。

恐手龙吐掉嘴里嚼了一半的莲藕，扔掉爪子里抱着的大团荷叶，挥起了巨大的爪子。似乎在说："来吧，我不怕你们，干一架！"这真是一

只见阿利奥拉龙低俯下身子，微微扬起头颈，半张开血盆大口，准备伺机而动。而恐手龙，则像防守的篮球运动员一样，爪子放在身前，做出防御姿态。一头阿利奥拉龙渐渐失去了耐心，它的身子猛然前冲，朝着恐手龙的肚子咬了过去！

恐手龙立刻挥舞起大手，如同扇耳光一样，打了上去！"砰！"阿利奥拉龙的头被打偏了，它用牙齿在恐手龙的胸前留下了几道伤痕。不过，这头阿利奥拉龙感觉自己已经眼冒金星了。如果继续坚持，它们说不定能将恐手龙杀死，但这必然要付出惨重的代价。它决定在受到更大的伤害之前，放弃自己这次冒失的行动。它猛地一摆头，抽动尾巴，然后快步离去了。另一头阿利奥拉龙看着同伴离开，也无心恋战，悻悻而去。

恐手龙望着离去的阿利奥拉龙，吼叫着，宣示着自己的胜利。它身上的伤痕是它战斗的勋章，是它的骄傲。恐手龙巨大的爪子是不是很厉害呢？既能帮助它觅食，保证有充足的体力，更能够与凶猛的肉食恐龙搏斗，保障自己的安全。尽管这一场对决，大爪子占了上风，但恐手龙仍不能掉以轻心，需要不断提升自己的防御水平，因为大自然食物链上的战斗，会伴随着所有的生命，且从不停止。

• 每期一问 •

恐手龙的嘴巴有什么特点呢？

参考答案：恐手龙的嘴巴里没有牙齿，像鸭嘴一样的喙。

49 大块头有小脑袋——梁龙

扫一扫
听科学家讲科学

开门见山

说到长脖子你们会想起什么呢？曲项向天歌的白天鹅，还是长着可爱短角的长颈鹿？下面科学队长要讲的是一种生活在巨型恐龙最辉煌时代——侏罗纪时期的长脖子恐龙。

🐾 卡内基梁龙还原图

队长开讲

科学队长
Captain Science

有着长长脖子的巨型蜥脚类恐龙，是恐龙之中体型最大的一类，也是你们最常见到的几种恐龙形象之一吧？腕龙、迷惑龙、圆顶龙，这些都是我们耳熟能详的生活在侏罗纪时期的巨型蜥脚类恐龙。不过，在这类恐龙之中还有一种更加有名的，它就是我们这一期故事的主角——梁龙。

梁龙的化石最早被发现于1878年。它们的化石非常常见，不过就像其他蜥脚类恐龙一样，由于头骨较小，很容易遗失或者被肉食恐龙咬碎，梁龙的头骨却很少被发现。这种巨型蜥脚类恐龙生活在侏罗纪晚期，它的尾巴下侧有着双叉型的骨骼，就像一双横梁，也因此而得名"梁龙"。梁龙可以说是最容易辨认出来的恐龙之一。它的体型巨大，长度可以超过30米，就像一节高铁车厢那么长，脖子和尾巴几乎在同一高度，而体重则达十几吨，是成年非洲象的几倍呢！梁龙长达 6 米的脖子、强壮的四肢和比身体还要长的尾巴都是它们的特征。

☞ 卡内基梁龙的脖子

☜ 卡内基梁龙的尾椎

在梁龙生活的时代，世界上的绝大多数地区都处于温暖潮湿的气候环境中，整个地球就像一个巨大的温室一样。针叶树和蕨类等植物异常繁茂，植食性动物有着数不尽的食物。作为一种植食性恐龙，梁龙的嘴巴里面长着向前倾斜的牙齿，这些牙齿像耙子一样，可以把苏铁和针叶树的叶子扒下来吞进去，这些植物将在肠道里停留很长时间，在菌群的帮助下，它们会发酵，最终被消化。有古生物学家通过研究梁龙的眼睛，提出梁龙可能属于无定时活跃性的动物，也就是说，梁龙不会像科学队长一样白天工作、晚上睡觉，而是有着十分随意的作息时间。

在侏罗纪晚期，梁龙们可不孤单。肉食恐龙异特龙统治着平原，它们是这一时代最成功的掠食者。长着菱形骨板的剑龙们慢悠悠地在森林的边缘寻找蕨类植物的嫩芽，而弯龙则小心翼翼地聚在剑龙附近觅食，时刻警惕着掠食者来袭。

在这片长满了蕨类的平原上，从远处传来了一阵阵沉闷的脚步声。呀，是一群梁龙迁徙到了

这里。梁龙们回到这里，是为了繁衍新的生命。

其实成年的雄性梁龙通常会远离群体独自生活，因为有庞大的身躯，它们毫不惧怕肉食恐龙。不过，那些瘦弱的梁龙也可能丧命于肉食恐龙，它们自然也就没有机会留下自己的后代了。只有在短暂的求偶季节，雄性梁龙才会与雌性和未成年的梁龙组成的群体汇合，在这片植被丰富的平原上交配并留下自己的后代。

雌性梁龙会独自在森林里准备着产卵。它们在森林的边缘把小树推倒，在厚厚的落叶堆下面挖掘出一个个浅坑，并且把卵产在里面。产卵之后，梁龙妈妈们会用土把卵坑埋上，并且用头和脖子反复撞击和摇动周围高大的针叶树，让掉落下来的树枝和叶子把地面上产卵的痕迹彻底覆盖起来。细心的梁龙妈妈既保护了这些卵不被食肉动物发现，也为恐龙宝宝们提供了一个天然的恒温孵化箱。

几个月后小梁龙就会出生了。它们将从松软的地面钻出来，开始持续一生的进食活动。梁龙的食量相当大，尽管新生的小梁龙们要面临小型肉食恐龙不断的攻击和猎杀，但是生存下来的新生儿们还是能在几星期之内把出生地附近的蕨类、苏铁和其他一切它们够得着的植物一扫而空。小梁龙们需要尽可能快地进食和成长，因为体型是它们活命的根本，长得越大就意味着能威胁它们的肉食动物越少。用不了一年的时间，这些小梁龙就会长到几米长，可以走出森林来到平原上与恐龙群中巨大的成年梁龙汇合了。

梁龙的群体由年长的成年雌性梁龙带队，它们漫游在侏罗纪广袤的平原上，为了寻找食物进行着永不停止的迁徙。

当一头梁龙倒在地上死去，它庞大的身躯很快就会吸引众多肉食动物和食腐动物前来聚餐。大自然可不会浪费任何一点资源，很快这具梁龙的尸体就会被吃得只剩下一堆凌乱的骨架。随着洪水的泛滥，这些骨骼会被完好地埋藏起来，并最终形成化石。

卡内基梁龙的骨架

骼最完整，曾在许多知名博物馆中展出，所以卡内基梁龙成了最广为人知的梁龙。

1.5 亿年过去了，恐龙时代早已成为历史，科学队长和你们的时代已经到来。不过事实上，我们距离白垩纪晚期的那一场大灭绝要比侏罗纪晚期的梁龙们近得多。19 世纪末，一支考察队在美国的怀俄明州发现了这具骨架。梁龙属在当时已经被古生物学家马什命名了，而这头梁龙被确定为梁龙属中的一个新种。由于当时的钢铁大王安德鲁·卡内基十分支持考古研究，这只考古队就将这头梁龙命名为卡内基梁龙。虽然卡内基梁龙并不是唯一的一种梁龙，但是因为它的骨

● 每期一问 ●

梁龙生活在地球历史上的哪一个时期？

多年谜底：侏罗纪晚期。

50 北美大陆的"超大明星"——腕龙

扫一扫
听科学家讲科学

开门见山

它有长而粗壮的脖子，四条腿如同四根长长的柱子，身长有 25 米，走路的时候地面都会震动，它就是我们这一期故事的主角，生活在北美洲的远古巨兽——腕龙。

队长开讲

热浪来袭的时候，想来你们会和科学队长一样，喜欢吹着空调吃西瓜吧？而在 1.5 亿多万年前的侏罗纪盛夏，正午的阳光直射大地，旷野上稀稀拉拉的木本蕨类和松杉类植物投下了淡淡的影子，几乎没有留下可以躲避阳光的地方。没有风，升腾的热气甚至造成了景象的扭曲。在这个炎热的时间，多数动物都不再活动，世界静悄悄的。

突然，地面似乎传来了微弱的震动。"咚！咚！"……震感越来越大，还很有节奏。是什么东西过来了？那是它的脚步声！

看到了，好大的家伙！它有长而粗壮的脖子，四条腿如同四根巨大的柱子，它的身长大概有 25 米，相当于三四辆公交车连在一起那么长。这个家伙得有好几十吨重吧？难怪走路的时候地面都能会震动。它就是生活在北美洲的远古巨兽——腕龙。

腕龙还原图

中国角龙还原图

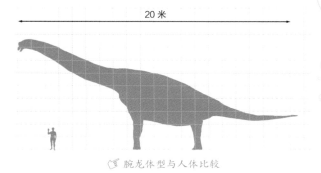

20 米

腕龙体型与人体比较

与梁龙、迷惑龙等长颈大块头恐龙不同，腕龙的头顶有一块突起，使它能够比较容易地被辨认出来。它也是最上镜的恐龙之一，我们能在很多影视作品里见到它。最特别的是，腕龙的前腿比后腿更长，这使得它们的肩膀很高，再加上长长的脖子，它能够把头伸到很高的地方，至少应该能很容易地把脑袋探进 5 层楼的窗户里。作为蜥脚类恐龙的一员，它的头和身体比起来实在太小，但实际上，估计也足够塞满你们的窗户。

至于这头腕龙，它是一头孤独行走的雄性恐龙，已经好几十岁了。它扬起头，打算啃食木本蕨类的叶子，但这些高大的蕨类植物将自己的叶子生长在树干的最顶端，很高，可能植物们也不想自己的叶子被吃掉吧。

这头腕龙够不到高处的叶子。不过，它可没打算放弃。只见它前腿用力一蹬，上半身凌空而起，然后依靠后腿的支撑，这个庞然大物竟然站了起来！这下子，它够到了高处的叶子。

大快朵颐了一会，很快，它就被别的事情吸引了。这事比吃饭还要重要。

刚刚直立起来的它看到了远方还有一头腕龙。虽然在我们眼中，这两头腕龙实在是长得差不多，可是，这头雄性腕龙能够看出来，那是一头雌性腕龙。它不会放弃这个机会。雄性腕龙决定放弃进食，向雌性腕龙走了过去。它发出了嘹亮的吼声，向雌性腕龙发出信息，后者也发出了吼声向它回应。

不对！怎么是两声回应？原来，就在雌性腕龙身后，还远远地跟着另一头雄性腕龙！

哦，这头雌性腕龙不止有一个追求者。看来，它遇到了对手。

两头雄性腕龙遥遥相对，它们伸长了脖子，互相吼叫，对峙了起来。它们用前腿踏着地面，为自己鼓劲儿。雌性腕龙也注意到了这个情况，它饶有兴趣地看着两头雄龙，完全没有要阻止的意思。因为只有最强壮的那头，才有资格和自己在一起。它相信只有强壮、健康的配偶，才能带来强壮的后代。这时候，两头雄性腕龙之间的冲突已经升级了。你们瞧，这两头雄龙开始用后腿直立了起来，然后又轰然踏下，似乎在比谁能直立得更久。是的，这也是一种身体素质的比试。它们不停地站起、踏下，健壮的四肢踩得大地震动不断。在这种近似仪式的比斗后，两头雄龙都没有放弃的打算。

幼年腕龙的化石

贴身肉搏开始了。它们彼此靠近。看！它们从侧面贴在一起了，肩膀靠着肩膀，它们在彼此推搡，它们摆动长脖子，从侧面互相撞击，似乎想要把另一方推倒。战斗持续着。大约进行了半个小时。终于，其中一头雄龙快要扛不住了。它的身体开始打晃，步子也乱了，它一点一点后退，而另一头雄性腕龙，则一点一点逼近。

最终，弱势的一方退却了，它迈开大步子离开了。而胜利的一方则在后面追赶，伸长脖子发出了嘹亮的吼声，把失败者撵得远远的。获胜的雄性腕龙回来了！它抬头挺胸，非常兴奋。

胜利者与雌性腕龙走在了一起，它们用颈部互相摩擦，一同前行。在接下来的日子里，雄性腕龙会一直守护在雌性腕龙旁边，驱逐挑战者，直到雌性腕龙完成产卵。两个巨大的身影彼此靠近，慢慢消失在了远方。

其实，腕龙是早在 100 多年前就被发现了的恐龙，人们惊叹于它们庞大的身躯和健硕的前腿。故事里腕龙直立身体的动作是根据其他长颈类恐龙常见的动作进行的推测。实际上，很多人认为腕龙的后肢不够强壮，也许不能站起来，而且也没有必要——它们已经够高了。它到底能不能完成这个动作，还需要以后进一步的研究来确定。事实上，关于腕龙，我们已经犯过不少错误了。比如，最开始，科学家们认为这个体型巨大的家伙可能不够强壮，不能用四肢支撑身体的重量，需要借助水的浮力，所以它们应该是生活在水中的。而今天，我们已经完全推翻了这种说法，确认了腕龙是纯粹的陆地动物。相反，在水中，水所产生的压力反而可能会影响它们的呼吸。

☞ 芝加哥菲尔德博物馆门口的腕龙骨架模型

侏罗纪和白垩纪一样，都是恐龙的盛世，当时繁盛的植被让这些巨型恐龙们繁衍壮大。如果我们真的能够回到侏罗纪时期，那应该是多么壮观的场景呀！

· 每期一问 ·

腕龙是两栖动物吗？

答案见：业晋。

51 鼻子上有大犄角的中国角龙

扫一扫
听科学家讲科学

开门见山

　　每次一提到恐龙，仿佛都会浮现出各种发生在北美大陆上精彩的故事，有凶猛的暴龙、异特龙，满身盔甲的甲龙，还有体型巨大的腕龙和梁龙等。当然，还有一类独具特色的恐龙，它们就是角龙类恐龙。而这一期故事的主角正是生活在亚洲的角龙——中国角龙。

队长开讲

科学队长
Captain Science

　　我们通常说的角龙类恐龙指的是角龙亚目，这可是一个相当庞大的类群。从 1872 年古生物学家爱德华·柯普命名奇迹龙开始，鹦鹉嘴龙、原角龙以及更加原始的隐龙等在内的数十种恐龙都被陆陆续续发现，加入了角龙亚目的大家族。当然，这一个大家族中最引人注目的还要数长着长角的角龙科恐龙。威风凛凛的三角龙、尖角龙和戟龙，都是我们耳熟能详的角龙科恐龙。

　　你们是不是会想到白垩纪晚期成群的角龙与暴龙类肉食恐龙打斗的场面呢？长角对尖牙，针锋相对，惊心动魄，似乎恐龙时代的风头就这样被白垩纪晚期的北美洲大陆抢去了一多半。那么，在同一个时代的亚洲，我们脚下的这片土地，也有威风的角龙和凶猛的暴龙吗？

　　答案是"有的"。2008 年，中国的古生物学家们在山东省诸城市附近的白垩纪地层中发现了一些角龙科恐龙的化石碎片。经过分析，这些化石碎片属于尖角龙亚科，它也就被命名为"中国角龙"。

中国角龙还原图

中国角龙的鼻子上有一个钩状的大犄角，头颅骨大约有 1.8 米长，比我们张开手臂还要长得多，是尖角龙亚科中最大的头颅骨之一。它的头盾边缘还有许多向前弯曲的骨质凸起，这在角龙类恐龙之中也是十分特别的。根据测算，中国角龙的身长可能会达到 6 米，可以说是一个不折不扣的大家伙了。

尖角龙亚科中的绝大部分成员都生活在北美洲，而中国角龙则是唯一一种在亚洲发现的尖角龙类恐龙。怎么回事呢？据古生物学家们推测，在中国角龙出现的几百万年前，它们和北美角龙的共同祖先沿着亚洲和北美洲之间的天然陆桥，跨越白令海峡来到了亚洲，并且在这里开枝散叶，

最终演变成了我们的中国角龙。

中国角龙生活在大约 7 000 万年前的中国山东省。既然有了角龙，它们的天敌——暴龙类恐龙自然也少不了。中国角龙的天敌是同样生活在这里的诸城暴龙，这是一种身长大约 12 米的大型暴龙，它的身材可以说完全不逊于北美洲的暴龙亲戚们。不过我们目前发现的诸城暴龙的化石却非常少，仅有两块颌骨和一些牙齿。就像它在北美洲的亲戚一样，诸城暴龙也是一种凶猛异常的掠食者，它们与中国角龙之间也不断重复着狩猎与逃生的故事。

诸城暴龙捕杀山东龙的等比例模型

还是跟着科学队长一起回到那个时代的中国山东吧！

在一片布满了河流和湖泊的平原上，一小群中国角龙正跟在体型巨大的山东龙群的后面缓缓迁徙。这些恐龙正在试图穿越一条小河，此时正值雨季，尽管恐龙们不用像在旱季一样为了食物而发愁，但是频繁发生的地质灾害也给迁徙中的恐龙带来了巨大的危险。恐龙被洪水和泥石流冲走掩埋的事件时有发生，而泥石流过后，地面上往往也会留下一些难以分辨的泥潭。

历经险境，中国角龙们终于跟在山东龙后面成功地登上河岸。这时，一个隐藏在树丛后面的猎手渐渐显露出了身形。这是一头强壮的成年诸城暴龙。它小心翼翼地接近这一群植食性恐龙，并且将目标锁定在了一头看上去刚刚成年还没有什么经验的年轻中国角龙身上。

中国角龙们正在河岸上的一片灌木丛中寻找鲜嫩的植物嫩芽，几天来的长途跋涉让它们筋疲力尽，所以这些鼻子上长着大犄角的大家伙们正拼了命地把苏铁和蕨类的叶子吞进嘴巴里，甚至都没有注意到山东龙已经将它们抛在了后面。

一头硕大的翼龙从低空飞过，它的影子投射在地面上，一掠而过的黑影让专心觅食的中国角龙们受到了惊吓，它们纷纷抬起头望向翼龙飞过的方向。机会来了！诸城暴龙可不会浪费任何机会。随着一声惊天动地的大吼，诸城暴龙从藏身的树丛中大步跨了出来。中国角龙们顿时一片混乱，但是很快就围成了一个圆阵，把头上的长尖角朝向外面，以此来抵御诸城暴龙的攻击。

面对这样一个防御阵型，诸城暴龙并没有打算进攻，因为被它当作猎物的那头年轻中国角龙由于惊慌失措，在角龙群外拼命地逃跑。对诸城暴龙来说，这简直是唾手可得的猎物！

掠食者毫不犹豫地追了过去，这可比见了血的鲨鱼厉害得多。突然，诸城暴龙发现前方的中国角龙停止了逃跑，而且在原地不停地哀叫。它用鼻孔嗅了嗅，发达的嗅觉告诉它附近并没有其他的掠食者存在。它大步踏上前去，欣喜地准备享用这白白捡到的美餐。

🦴 中国角龙的骨架

可惜诸城暴龙失算了。中国角龙没有继续逃跑的原因是它慌乱之中冲进了一片泥潭之中，四条腿陷进烂泥中，它已经完全无法动弹。而紧跟着冲进来的诸城暴龙也被困在了泥潭里，由于体重的原因，它比中国角龙陷得还要深。转眼之间，一场激烈追逐就此平息，而两头恐龙都已经动弹不得了。

过不了多久，这两头恐龙就会因为泛滥的洪水而被深埋在几米深的淤泥下面，而几百万年之后，恐龙时代也迎来了终结。沧海桑田，哺乳动物逐渐在地球上繁衍昌盛，而人类则成了地球上新的主宰者。

今天，那两头陷进泥潭的恐龙早已经变成了化石，它们沉睡在如今中国山东省的某个地方，或许有一天它们留下的印记会被发现，科学队长也会继续为大家讲述这一段地球上曾经发生过的故事。

● 每期一问 ● ??

据科学家推测，中国角龙的祖先是怎么到达亚洲的？

参考答案：这是亚洲和北美洲之间的关系问题，我猜是今天跨越白令海峡到达亚洲。

52
最后的一瞬
——恐龙大灭绝

扫一扫
听科学家讲科学

开门见山

气候变暖会让冰川融化、海平面上升，植被减少会让很多可爱的动物逐渐消失，来自环境的威胁对任何一个物种来说都是与生死存亡相关的。曾经雄踞地球1.6亿年的恐龙们，如今却难觅踪影，它们究竟经历了什么呢？关于恐龙灭绝的假说有很多，科学队长要讲的，是其中一个最广为接受的故事。

🐾 我们生存的地球

队长开讲 科学队长 Captain Science

首先，我们把视线投向遥远的太空。火星和木星之间的小行星带包含了数十万颗小行星，大小不一，但都围绕着太阳运动。不过，由于这里的小行星太过密集，偶尔也会撞到一起。其中

有一个名为巴普蒂斯提纳小行星群，形成于大约1.6亿年前的一次小行星碰撞中，那时地球上正是恐龙最兴盛的侏罗纪时代。这次撞击事件造成了很多碎块偏离轨道，离开了小行星带，成为太阳系中的"流浪汉"。而正是其中的一块，在大约1亿年以后，飞向了地球，给恐龙带来了致命的打击。

现在，请随着科学队长一起，前往大约6 600 万年前的美洲地区，来到白垩纪最后的时光，看看最后的恐龙们。

在这个时期，全球发生了大规模的海退，也就是海平面下降，露出了大片的陆地。为什么会海退呢？有人推断说这是由于海底的山峰下沉而导致的，但到目前为止，真正的原因尚未查清。但这一现象对陆地的生态有很大影响，很多海湾消失了，存在了上千万年的浅海生态系统逐渐被摧毁。另外，地球表面的火山也变得更活跃。这些都导致了越来越高的地表温度和越来越频繁的干旱。

📎 白垩纪陨石撞击地球想象图

一群角龙因食物短缺正在迁徙，高温和饥饿把它们折磨得疲惫不堪。它们努力寻找着绿洲，并没有注意到遥远的天边多了一颗亮星。这颗即使在炎炎烈日下也清晰可见的亮星，越来越大。

恐龙们疑惑地望着天空中的奇景。这颗亮星似乎燃烧了起来，拖着长长的尾巴，落向了地面，周围还伴随着一些小的陨石。小行星撞来了！距离这群恐龙 1 000 多公里的地方，今天的墨西哥境内，直径足足 10 千米的小行星撞上了地球。强光乍起，照亮了半边天空。它所释放的能量，比人类所有的核武器加在一起还要强大很多倍。在那里，空气产生了可见的涟漪，并且迅速扩大，向外扩张；海底瞬间暴露，岩石粉碎甚至气化，随着蒸发的水汽迅速升腾。强大的冲击波将周围的岩石和泥土向外推动，一个直径达 180 千米的巨大陨石坑瞬间形成。巨大的海啸像成排的山峰一样，吞没了周围的一切，海水呼啸而去时带走了沿途所有的生命。

这群角龙看着天边的景象不知所措。在之后

的一分钟里，山峰晃动、坍塌，大地开始剧烈地震动，角龙们惊恐地想要逃开，却发现震动的地面使它们站立不稳、寸步难行。强烈的地震已经使大地满目疮痍，而远方升起的蘑菇云已经成型，轰鸣不止。强烈的声音震得动物们的鼓膜疼痛，先前惊起的飞鸟成片地摔落到地面，哀声一片。

🐾 尖角龙还原图

天边的狂风裹挟着黑云，以肉眼可见的速度压迫而来。角龙和其他恐龙们一起，飞快地奔跑了起来，拼命地想要离开这里。然而，它们终究跑不过狂风。刹那间，烟尘覆盖了天空，太阳不见了。被狂风卷向天空的小动物们失去了踪影，角龙们顶着强风，站立不稳。

风，肆虐了许久。当风停止的时候，天空被烟尘覆盖，而远处的森林大火却照亮了天空——火焰裹着被碰撞加热的岩石点燃了大片的森林，烟尘越来越大，一切看起来越来越荒凉。

角龙首领周围已经没有多少同伴了，其他的很多恐龙都已消失在了视野里。仅存的恐龙群还是怀着一点希望朝向记忆中的绿洲进发了，然而，等待它们的，必将是绝望的结果。它们离开了，消失在了地平线处，再也没能回来。

更大的灾难正在酝酿着。撞击产生的地震波沿着地壳表面传播，直达地下深处，本就活跃的地底岩浆沸腾了。强烈的震动就像火把一样，点亮了一个又一个火山，大地变成了熔岩地狱。刺鼻的气体和大量火山灰被喷向天空，整个星球完全被各种烟尘笼罩着，不知持续了多久才最终降落。

在这段黑暗的时间里，植物枯萎、死亡，侥幸存活的食草动物因为饥饿而纷纷死去，食物链被打乱，食肉动物也大量死亡。生活在陆地上的物种灭绝了一大半，而海洋里的生物也未能幸免。

好在有一小部分动物幸存了下来。一些是冷血的小动物，它们更能容忍饥饿的威胁；还有一些居住在洞穴里的小型哺乳动物，也就是我们人类的祖先；很多食腐性的动物有了充足的食物来源，也存活了下来。植物通过根和种子保留了生机。而恐龙没能熬过这段日子，完全灭绝了。鸟类也遭遇了重创，但仍有少数幸免于难。

不知道过了多长时间，烟尘逐渐散去，植物重新发芽，大地再次逐渐变绿，一个新的时代到来了。她属于那些幸存者。在恐龙时代缩头缩尾的哺乳动物们，从地洞里爬了出来，在接下来的 1 000 万年里迅速发展，成为陆地的主宰者。新的地质时期——新生代，取代了中生代，来了！

关于恐龙的灭绝，有很多假说。目前，小行星撞地球是接受程度最高的假说之一。事实上，科学家们在墨西哥尤卡坦半岛的地下，找到了一个在灭绝时代形成的巨大陨石坑，那个时期的地层中也有着含量异常的铱元素，加上一些其他证据，这个假说得到了很多支持。但毕竟没人亲眼见过当时的景象，科学队长也不能排除有别的可能性。或许这一直都会是个谜团，或许随着对科学的进一步理解，这个谜团会被你们解开。

● 每期一问 ●

关于恐龙灭绝的假说，哪一种最广为接受？

参考答案：小行星撞地球。

后记

截至 2020 年底，担任中国科学院古脊椎动物与古人类研究所副所长的徐星研究员，依然保持着世界上发现并命名恐龙最多的科学家的记录。他不仅在学术上硕果累累，还写过很多科普文章，录制了不少科普节目。在徐星看来，向公众普及古生物领域的知识固然重要，但科普更高的目标则是建立起公民的科学思维。

科学队长与徐星老师合作，将关于恐龙的科学故事录制下来，并出版成册，也正是为了让更多小朋友对科学产生兴趣，逐渐培养出孩子们的科学思维。只有这样，我们的下一代才能对人类社会有更大的贡献，人类才会有更加光明的前途。

在节目创作和图书出版过程中，我们得到了很多人的帮助，请允许我们利用一些篇幅，将他们的工作一一列出，以表达我们的感激与敬意（人名后括号中的序号为本书文章编号）。

付文超（1、11、12、26）

惠俊博（2、3、9、13、15、16、19、21、22、24、25、28、29、30、40、41、42、45、46、47、49、51）

曹昕玥（4）

冉　浩（5、6、7、8、10、14、17、18、20、23、27、31、32、33、34、35、36、37、38、39、43、44、48、50、52）

这些作者都是古生物学领域优秀的青年学者，具有扎实的学术功底和丰富的科普内容创作经验，他们为本书贡献了大量的选题和建议，并且参与撰写了各篇章最初的文稿，在此对他们表示衷心的感谢！同时，本书的出版还得到了上海交通大学出版社的大力支持，时任总编辑的李广良先生以及本书责编唐宗先女士为本书的出版策划投入了很多精力，在此也要向他们表示感谢！

科学队长
Captain Science

编者按：

1. 本书部分图片来自 Wikipedia 等网络，请著作权人与唐编辑联系领取稿酬，联系电话：021—60403097。

2. 本书中的部分篇名在音频节目名的基础上略作改动。读者扫描封底 / 内封上的二维码领取课程后，可免费收听本书对应的音频节目。